五千年
农耕的智慧

—— 中国古代农业科技知识

中国农业博物馆　编

专家解读版

U0317315

中国农业出版社

图书在版编目（CIP）数据

五千年农耕的智慧：中国古代农业科技知识/中国
农业博物馆编．—北京：中国农业出版社，2018.3（2022.5 重印）
ISBN 978-7-109-23891-6

Ⅰ.①五… Ⅱ.①中… Ⅲ.①农业技术－中国－古代
－普及读物 Ⅳ.①S-092.2

中国版本图书馆 CIP 数据核字（2018）第 012554 号

中国农业出版社出版

（北京市朝阳区麦子店街 18 号楼）

（邮政编码 100125）

责任编辑　高　原

北京缤索印刷有限公司　　新华书店北京发行所发行
2018 年 3 月第 1 版　　2022 年 5 月北京第 4 次印刷

开本：787mm×1092mm 1/16　印张：13.75
字数：325 千字
定价：73.50 元

（凡本版图书出现印刷、装订错误，请向出版社发行部调换）

编写指导委员会

主　任　刘新录　王秀忠

副主任　苑　荣

委　员（按姓名笔画排序）

马旭铭　王应德　闫　捷　李冬梅

陈红琳　胡泽学　唐志强

编写人员名单

主　编　苑　荣　唐志强

副主编　赵佩霞　韵晓雁　吕珊雁　于湛瑶

赵志明

编　撰（按姓名笔画排序）

于湛瑶　付　娟　吕珊雁　李逸林

吴　蔚　苑　荣　赵志明　赵佩霞

唐志强　陶妍洁　韵晓雁

前　言

　　农耕文化是人类在农业劳动实践、农村生产生活中创造、积累的文明成果和智慧结晶，是人类文明的源泉和根基。中华农耕文明更是源远流长，积淀深厚，博大精深，是中华优秀传统文化的重要组成部分，是构建中华民族精神家园、凝聚炎黄子孙团结奋进的重要文化基因。在我国几千年的历史长河中，勤劳勇敢、富于智慧和创造力的中华民族在进行农业和手工业生产活动中所创造的科学技术具有独特的风格和体系。英国学者罗伯特·坦普尔说："现代世界赖以建立的种种基本发明和发现，可能有一半以上源于中国。"

　　古代农业科技蕴含着极高的智慧，是我国古代劳动人民奉献给人类的一笔丰厚的精神财富，是人类文化遗产不可分割的重要组成部分，是中国文化传承、发展和创新的基因和重要资源。目前，我国正处在工业化、城镇化快速发展，现代农业和美丽乡村建设扎实推进的重要时期，深入挖掘古代农业科技的内涵及其当代价值，传承和利用优秀的传统农业遗产，对改善和保护生态环境、促进农业可持续发展具有重要的现实意义。编纂《五千年农耕的智慧——中国古代农业科技知识》，集学术性与科普性于一体，填补了中国古代农业科技科普图书的空白。

　　本书以古代农业科技的发明创造为焦点，分综述篇、种植篇、养殖篇、女织篇、加工篇、饮料篇、生产条件篇、园艺篇、水利篇、农具篇、农书篇共 11 个篇章 156 项，逐项介绍古代农业技术的精华和当代价值，力求做到深入浅出、形象生动、通俗易懂，故事性和趣味性相结合。在编写此书的过程中，我们参考和吸收了一些专家和学者的研究成果，文中不能一一注明，在此表示衷心的感谢！

编　者

2017 年 12 月

目 录

一、综述篇

1. 农耕五祖

——传说农业

相传我们的祖先神农尝遍百草、后稷教民稼穑（sè）、伏羲开创畜养、嫘（léi）祖发明养蚕、大禹治理水患，他们发挥聪明才智，率领部落结束茹毛饮血、捕鱼狩猎的漂泊生活，过上了刀耕火种、纺织做衣的定居生活。

在我国古史传说中，有一位有巢氏在树上栖宿，以采集坚果和果实为生，亦称大巢氏。传说中华初民穴居野处，受野兽侵害，有巢氏教民构木为巢，以避野兽，从此人们才由穴居到巢居。当时的社会活动主要是男子打猎和捕鱼，女子采集野菜和挖掘块根。燧（suì）人氏在今河南商丘一带钻木取火，教人熟食，结束了远古人类茹毛饮血的历史，开创了人类文明的新纪元，被尊为三皇之首，奉为"火祖"。随后又有一位伏羲氏结绳为网，用来捕鸟打猎，并教会了人们渔猎的方法，使人类原始的狩猎状态进入到初级的畜牧业生产，对华夏文明做出了卓越贡献。

图 1-1-1　农耕五祖雕像

神农是我国传说中"三皇"之一。他作为"始耕田者"的"田祖""先农"，历来受到百姓的崇奉。神农氏对于农业生产的贡献主要在两个农业技术阶段。一是神农"尝草别谷"的起始阶段，二是神农"教民农作"的发展阶段。前者属于母系氏族公社时期的"刀耕"农业，后者属于父系氏族公社时期的"耜耕"农业。

后稷是炎帝的继承者，相传是一位叫姜的女子，无意间把脚踏到巨人的脚印上，孕育生下的。因被认为不吉利而被丢在山坡的窄路上。奇怪的是，牛羊经过，都小心地躲开了。又被抛弃到结了冰的河上，一只大鸟飞来用它毛茸茸的翅膀给孩子保持温度。姜循着哭声找到了孩子，把他带回来抚养长大，因被抛弃过而取名"弃"。弃在母亲姜的教诲下很快掌握了农业知识，长大后又反复思考、观察和实践，并在教稼台讲学，指导人们种庄稼，传播农耕文化，成为远古时一位大农艺师，被尊称为农业始祖后稷。

图 1-1-2　轩辕黄帝像（武梁祠石刻）

在人类发展史上，与历史传说相印证，土耳其南部格贝克利山的石柱上所刻的神秘符号揭示，一颗彗星在公元前 1.1 万年前后撞上地球。这一毁灭性事件导致猛犸灭绝，也让人类文明兴起。撞击发生前，大片的野生小麦和大麦推动过着游牧生活的中东猎人建立了永久落脚点。而撞击后出现的低温使野生动物资源枯竭，迫使分散的群落聚集在一起，在采集果实和捕鱼狩猎的同时，有意识地饲养易于驯化的动物和栽培野生的植物，通过浇灌和选择育种找到种植庄稼的新方法。于是，农业开始出现，第一批村镇也随之出现。这是人类发展史上的一个里程碑。

图 1-1-3　神农雕像

2. 中华文明之源
——原始农业

在人类漫长历史长河中，我们的祖先一直是靠采集、狩猎以及捕捞为生。在南非一处洞穴发现的 25 件极其尖锐的石制武器表明，在大约 7.7 万年前的旧石器时代，人类就掌握了"加压剥离"技术，可以更好地控制武器锐利边缘。这些石制武器中，有 14 件含有与冲击相关的损伤、动物残留物及磨损的证据，表明这些石块曾被用于打猎。而且，某些有机残留物中，有血液和骨骼碎片在内的动物残留物以及包括纤维在内的植物残留物。到了新石器时代初期，人类过上定居的生活、采用打磨石器工具、种植植物、畜养动物、制作陶器，发明了农业，从此人类自己可以生产食物，摆脱了单纯依赖自然的被动局面，是人类历史上的一次巨大的飞跃，这个飞跃被现代考古学家称为新石器时代革命。

新石器时代以农耕和畜牧的出现为时代标志，表明人类已由依赖自然的采集渔猎经济跃进到改造自然的生产经济。我国大约在 1 万年前就已进入新石器时代。由于地域辽阔，各地

图 1-2-1　半坡遗址居住场景

图 1-2-2　河姆渡遗址场景

自然地理环境很不相同，新石器文化的面貌也有很大区别，大致分为三大经济文化区：

旱地农业经济文化区：包括黄河中下游、辽河和海河流域等地，这里是粟、黍等旱作农业起源地。黄河中游的西安半坡遗址出土多种农具、渔猎工具，反映出半坡居民的经济生活为农业和渔猎并重。

水田农业经济文化区：主要为长江中下游。河姆渡遗址发现了大量人工栽培的稻谷，彭头山文化、城背溪文化以及更早的万年仙人洞遗址等，显示我国的稻作起源可追溯到距今1万年以前，这不但改变了中国栽培水稻从印度引进的传统观点，而且表明长江流域是中国乃至世界稻作文化的最早发源地。

狩猎采集经济文化区：包括长城以北的东北大部、内蒙古及新疆和青藏高原等地，面积大约占全国的2/3，有旱作种植业、渔猎和畜牧业。

原始农业以使用简陋的石制工具、采用粗放的刀耕火种的耕作方法、实行以简单协作为主的集体劳动为特征。这种原始耕作法，采用各种原始刀器砍伐地面植被来拓荒，并纵火烧山，利用灰烬作肥料种植作物。在距今7 000～8 000年前，我国农业进入"耜耕"阶段。在河姆渡遗址共出土骨耜170余件，说明7 000年前生活在我国东南沿海一带的河姆渡人已经脱离了"刀耕火种"的落后状态，发展到使用成套稻作生产工具，堪称世界上最为先进发达的耜耕农业。后来石铲逐渐延长加大，变薄变扁，更适于松土、翻土，到原始社会中晚期，便出现了一种新的耕地农具——石犁。这标志着我国农业生产技术进入了犁耕阶段。

在我国，新石器时代的遗址已经发现了成千上万个，分布在从岭南到漠北，从东海之滨到青藏高原的广阔大地上，尤以黄河流域和长江流域最为密集。这说明黄河和长江都是中华民族的摇篮，是世界农业的起源中心之一。

3. 奴隶社会的土地制度
——井田制

图 1-3-1 周王巡察图

西周时期，道路和渠道纵横交错，把土地分隔成方块，形状像"井"字，因此称作"井田"。井田属周王所有，分配给庶民使用。这是我国奴隶社会实行的一种土地使用的管理制度，是以国有为名义的贵族土地私有制度，出现于商代，在西周时期发展成熟，到春秋时期，由于农具和耕作技术的改进，井田制逐渐消失。

文献中，时间较早又具体地谈到井田制的是在《孟子·滕文公上》中的一段记载，大意是：将900亩土地，划为9块，每块100亩，由于形状像"井"字，因此叫作"井田"，并且实行8户人家共同耕作中间的公田，每家有100亩私田。因此，许多学者认为夏代曾经实行过井田制，商、周两代的井田制也由此延续而来。但是由于缺乏足够的文献支持，井田制被胡适为首的一些学者认为是孟子的空想，以当时的政治形势来看，井田的均产制或许只是战国时期的乌托邦。不过也有很多学者还是认为孟子所说的井田制是有根据的，至少和《诗经》中反映的西周土地制度有基本一致的地方。

"八夫为井，公田居中"可能是最早实行的井田制。井田制在长期实行过程中也在一直发展和变化。早期地广人稀，农田基本都是肥沃的良田，把井田中间的一块作为公田，对领主来说也不吃亏。井田制也与当时的沟洫农业制度相适应，当时农田四周修建的排灌沟洫纵横相同，每900亩形成一个井字形大方块。随着人口的增加，土地开发越来越多，农田的质量出现差异，贵族们更愿意将肥沃的良田留给自己作为公田，公田就开始不设在井田中间，其中多出来的原来作为公田的100亩，就分配给另一户耕种，原来的8户就变成了9户。

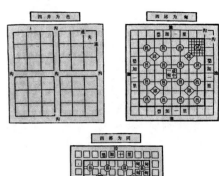

图 1-3-2　井田沟洫布置图

到春秋晚期，随着生产力的发展，阶级力量产生变化，奴隶制度开始衰落，封建制度兴起，大家对公田的耕作越来越没有积极性，分散的、个体的、以一家一户为单位的封建经济形式兴起。贵族们也不再让农夫们耕种公田，而是将公田分给他们直接耕种，并按一定比例收取谷物，井田制慢慢退出了历史舞台。春秋时期管仲"相地而衰征"，说的就是按田地好坏、等级高低，征取数量不等的实物税，客观上打破了井田的界限，加速了井田制的瓦解。战国时期秦商鞅变法，废井田开阡陌，井田制彻底被土地私有制替代，以致后来孟子提到井田制的时候也只能说个大概。

井田制是我国古代历史上的一项十分重要的社会经济制度，在华夏民族之后的几千年历史中，井田制持续不断地产生着影响力，王莽的王田制度、唐代的均田制度、太平天国的天朝田亩制度等在不同程度上都受到了井田思想的影响。

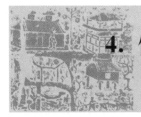

4. 保持古代世界农业最高水平的秘诀
——精耕细作

精耕细作是指以土地的集约利用为基础，以"三才"理论为指导，内涵丰富的一个农业科学技术体系。这一体系以提高土地利用率和土地生产率为总目标，采用一系列适应和改善农业环境、提高农业生物生产力的技术措施。精耕细作是我国农耕文明长期居于世界先进水平的重要原因，也是我国古代农业的基本特征。

图 1-4-1 雨中耕作（唐敦煌壁画）

图 1-4-2 耕 作
（黄辉 摄）

夏、商、西周、春秋是精耕细作的萌芽期，黄河流域的沟洫农业是其主要标志。为了防洪排涝建立起农田沟洫体系，与此相联系，垄作、条播、中耕技术出现并获得发展，选种、治虫、灌溉等技术亦已萌芽，休闲制逐步取代了撂荒制。这个阶段耒耜、耦耕和井田制三位一体，成为我国上古农业文明的重要特点。

战国、秦汉、魏晋南北朝是精耕细作技术的成型期，主要标志是北方旱地精耕细作体系的形成和成熟。我国大约从春秋中期开始步入铁器时代，铁农具的普及和牛耕的推广引起生产力的飞跃，犁、耙、耱、耧车、石磨、翻车等新式农具纷纷出现。由于黄河流域春天多风少雨，抗旱保墒（shāng）成为农业的关键。为了保证冬天小麦播种和翌年春天生长，必须在秋季雨后，深耕土地，等土地晒干以后，马上用耙将土块破碎，最后用耱将土块耱细。这样就在土地表面形成了松软的土层，切断了土层中原有的毛细管，减少了水分的蒸发。另外，北方旱地耕地后，较大的土块经常附着杂草和害虫，用耙将土块破碎，能达到除草除虫的效果。人们称这种耕作技术为"耕、耙、耱"，是北方旱地精耕细作技术体系的核心。

隋、唐、宋、辽、金、元是精耕细作的扩展期，主要标志是南方水田精耕细作技术体系的形成和成熟。这一时期，南方农业生产开始迅速发展起来，南方小型水利工程星罗棋布，太湖流域的塘浦圩田则形成体系，梯田、架田、涂田等新的土地利用方式逐步发展起来。水田耕作农具、灌溉农具等均有很大发展。特别表现在更适合在小块水田耕作的曲辕犁的发明，以及适用于平整田面的水田特有农具"耖"的普及。

明清是精耕细作深入发展期，主要特点是适应人口激增、耕地吃紧的情况，土地利用的广度和深度达到了一个新的水平。为了解决民食问题，人们一方面千方百计开辟新的耕地，另一方面致力于增加复种指数，提高单位面积

图 1-4-3 精耕细作

产量，更充分地利用现有农用地，多熟制种植、间作套种、轮作等耕作制度开始广泛应用。特别是江南地区的先民们利用当地独特的自然环境创造了农、桑、渔、畜精密结合的农业生态系统和珠江三角洲地区创造的桑基鱼塘系统，达到了精耕细作的最高境界。

5. 利用自然的良性循环
——生态农业

20世纪20～30年代，在西方发达国家兴起的生态农业已成为世界各国农业发展的共同选择。实际上，我国先民在生态农业方面已经积累了丰富的经验。嘉湖地区的农牧蚕鱼系统

图 1-5-1 桑基鱼塘

图 1-5-2 湖州桑基鱼塘

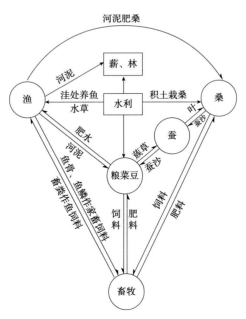

图 1-5-3 桑基鱼塘物质循环示意图

和珠江三角洲的桑基鱼塘系统，就是最有代表性的生态农业的典型。

明代中期，江苏常熟有一个叫谈参的人，他将洼地挖成鱼塘用来养鱼，挖出的土堆成堤岸种果树，鱼塘边上还可以种茭白等水生蔬菜，鱼塘的上面架起猪舍养猪，猪粪直接掉入鱼塘喂鱼，堤岸外的农田种水稻，通过鱼塘的排水和灌溉，可以做到旱涝保收。这种方法很快就在地势低洼的太湖地区发展成为利用当地独特的自然环境创造了农、桑、渔、畜精密结合的农业生态系统。珠江三角洲地区随着养蚕业的发展，将洼地挖深，泥覆四周为基，中凹下为塘，基上种桑树，塘中养鱼，桑叶喂蚕，蚕屎作为鱼的饲料，而塘泥又可以作为桑树的肥料。通过循环利用取得"十倍禾稼"的经济效益，这就是著名的桑基鱼塘。后来农民又在这一基础上发展了蔗基鱼塘、果基鱼塘、菜基鱼塘等。这两个地区经营方式的共同特点是：一是充分利用水面养鱼增加收入。二是大力发展蚕桑业，缓解了人多地少的矛盾，也促进了商品经济的发展，这就是生态农业的所取得的包括经济效益、生态效益和社会效益在内的综合效益。

图 1-5-4　稻鱼共生
（陈庆龙　摄）

图 1-5-5　侗乡稻-鱼-鸭复合系统

其实早在汉代，我国先民就在稻田中放养田鱼，开始了生态农业的早期实践，田鱼可以吃掉稻田的杂草和害虫，鱼粪可以作为水稻的养分，鱼在田中游动增加空气流动，有利于水稻的生长。时至今日，云南、贵州地区的先民们还会在田边的水池子中养鸭子，这些鸭子能到稻田中吃掉害虫和杂草，鸭粪直接肥田，这样不仅有利于水稻的生长，也是一种生物治虫的手段。

生态系统中一个生产环节的产出是另一个生产环节的投入，使得系统中的废弃物多次循环利用，从而提高能量的转换率和资源利用率，获得较大的经济效益，并有效地防止农业废弃物对农业生态环境的污染。研究表明，农业生态系统中的绿色植物，通过光合作用，把太阳能转化为生物潜能。供人类直接需要的占净产量的 20%，其他的副产品转移给养殖业（畜禽和鱼类），转化为动物性产品（肉、乳、蛋、皮、毛）。动植物的代谢物、残骸及凋萎物投入土壤，被土壤微生物分解为营养元素，被植物吸收。

如今生态农业已成为建设具有我国特色的现代农业的必由之路。我们应当从先民千百年来积累下来丰富的生态农业实践经验中吸取营养，更好地发展现代农业。

6. 我国古代农业对世界的伟大贡献
——农业中的发明创造

我国古代农业生产工具和生产技术的进步是推动精耕细作技术发展的主要动力，而精耕细作综合技术体系传播到世界各地，为全球农业发展作出了重大贡献。同时，原产我国的农业动植物物种、丰富的古农书与农业知识、可持续发展的理念与经验也为世界农业的进步作

图 1-6-1　庄园农作画像石（汉代）

图 1-6-2　水　稻

图 1-6-3　云南省普洱市镇沅县 2700 年古茶树
（乔继雄　摄）

图1-6-4　大　豆

出了独特的贡献。

我国在长期的农业生产过程中培育了丰富的作物品种，世界上1 200种作物中，我国就有600余种，其中约300种起源于我国，尤其是水稻、茶、大豆以及种桑养蚕堪称我国农作物的"四大发明"。我国的农作物及其他动植物资源不断地传至世界各地，为全球农业的发展进步作出了重要贡献。

犁的应用是传统农业阶段的一个重要成就。我国框形犁是世界上最发达的传统犁之一。西方近代犁吸收了中国犁的特点，成为近代农业革命的契机。尤其是在18世纪，欧洲从我国引进了曲面犁壁和耧车以后，改变了中世纪的二圃、三圃休闲地耕作制度，成为了近代欧洲农业革命的起点。

农学是我国古代科学技术中取得成就最辉煌的学科之一，和中医学、天文学以及算学并称于世。在世界农业发展史上也占有重要地位，对各国农业生产和农业科学的发展产生了深远影响。最具代表性的是《齐民要术》在唐代已传入日本，19世纪末传到欧洲，成为全世界人民的共同财富。《农政全书》被日本称为"人世间一日不可缺之书"，在日本当时得到了传播和普及。

我国农民在以天时、地利、人和为核心的"三才"理论指导下，因地制宜发展出了多种行之有效的农业生产模式，土地连续耕种了几千年不仅没有出现土壤退化的现象，反而越种越肥沃，特别是对有机肥的利用和明清时期太湖地区和珠江三角洲的桑基鱼塘等土地形式，被认为是无与伦比的创造，直到今天，西方生态农业和可持续发展的理论与实践中都非常重视吸取我国传统农业的思想和经验。

然而，近代农业科技在西方兴起，农业机械化提高了农业生产率，化肥与农药的使用保证了农业的收成，之后，生物学、物理学、化学等自然科学的发展又为欧洲近代化农业科技提供了坚实的理论基础。西方的农业科技首次超过了领先世界1 000多年的我国。

图1-6-5　养　蚕

7. 口口相传的生产技术指南
——农谚

　　农谚是一种农家流传的"行话"，古代劳动人民不识字，他们的农业生产经验主要靠"父诏其子，兄诏其弟"的口头相传方式流传和继承，农谚是我国历史上传播农业知识的主要形式，就好像现在有了技术指导手册，在生产上起了无法估量的作用。农谚是我国劳动人民在农业生产实践中所积累的经验的结晶，是人民大众的集体创作，是我国人民宝贵的农业遗产和文学遗产。

图 1-7-1　《二十四节气农谚大全》

　　农谚的起源与农业起源是一致的，而农业的起源远早于文字记载，所以农谚的起源可以远溯至数千年前。从古籍的记载中可以看出，早在奴隶社会时，就有了类似农谚的诗歌。早期的农谚大多反映黄河流域一带的农业生产情况，这和中华民族的发展历史有关。到了秦汉以后，根据古籍的记载就可以判断，农谚在我国流传的范围已很广泛。

　　农谚讲的是农业生产。广义的农业生产包括农、林、牧、副、渔五业，农之中还包括农作物、果蔬、蚕桑等，这些内容在农谚中都有。再说，农业生产离不开土壤、肥料、水分、温度以至于季节、气象、气候条件，这些方面在农谚中占有大量内容。吕平先生曾进行了有计划的全国农谚收集工作，共得 10 万余条，经过归并整理分类，共得 31 400 余条，气象农谚最多，占全部的 25.16%。其次是水稻，占 14.56%。第三是麦类，占 11.45%。其余的分散到各种作物上。

　　我国流传的农谚历史之长、地区之广、内容之丰富、影响之大，是举世无双的。农谚具有六点共性：一是农谚的地域性，由于农谚来自群众，所以往往是由当地的方言构成，同时也反映了农业生产的地域性，往往一个地区流传着一类符合本地区客观情况的农谚；二是农谚的普遍性，反映了作物的生物学特性，由于与地区气候关系不大，所以各地都普遍适用；三是农谚的概括性，是指农谚必须简短流畅，精练深刻，便于记诵，发人深省；四是农谚的科学性，是指农谚富有深刻科学原理，还有很多需要我们用现代科学知识或通过具体试验验证；五、六分别是农谚的群众性和通俗性，是指农谚的思想、感情以至于表达形式必然是广大群众所喜闻乐见的，富有生活气息、泥土气息的，因此易为群众所接受，世代相传，长期流行。

　　农谚的格式可分为单句式、双句式和多句式几种。单句式如"粪大萝卜粗"，多句式如"阴疬发痒，炉灶烟，不是下雨就是阴天"。而双句式的又可分为 3 类：比喻式如"种强苗壮，母大儿胖"，前一句说的是主题，后一句是比方；因果式如"夏天不热，五谷不结"，前一句是"因"，后一句是"果";一贯式如"庄稼一枝花,全靠粪当家",说的是种地要多施肥浇水这件事。

8. 丝国传奇
——养蚕技术的外传

我国古代先民发明了养蚕、缫丝、纺织和印染,世界上所有养蚕国家的蚕种和养蚕方法,最初都是直接或间接从我国传去的。世界也由一根晶莹的蚕丝、一匹柔美的丝绸知道了古老而神秘的中国。因此称中国为"Seres"(丝国)。

远在公元前7世纪,我国的丝绸就通过北方的草原之路传到西方,公元前5世纪已经传到了希腊等遥远的西方国家。2 200年前,我国蚕种和养蚕技术向北传入朝鲜,向东传至日本。张骞通西域后,丝绸成为了汉王朝对外贸易的主要物品,其他国家却千方百计地想得到蚕种和养蚕技术,从而演绎出一段段有趣的历史故事。

图 1-8-1 蚕 种

公元前1世纪,罗马的恺撒皇帝有一次曾穿着中国丝绸袍服到戏院看戏,引起全场轰动。此后人们竞相效仿,罗马男女贵族都争穿绸衣。到了公元3、4世纪时,丝织物已成为全国上下崇尚的唯一时髦服饰,罗马每年支付的丝绸等货款约合十万盎司黄金。公元6世纪中叶,波斯商人从我国贩卖蚕丝中获取了大量的利润,发了大财。当时,查士丁尼自认为兵力强大,想用武力迫使波斯就范,分享这笔可贵的利润。不料波斯军队严阵以待,不理睬东罗马帝国的武力威胁。公元571年,东罗马联合突厥可汗攻伐波斯,战争长达20年之久,未分胜负。查士丁尼对波斯的战争,使帝国的财政收入减少了一半,东罗马帝国的经济已陷入了崩溃的边缘。东罗马帝国被迫进行和谈,放弃从波斯进口货物的限制,并每年补贴波斯11 000金镑。这就是西方历史上著名的"丝绸之战"。

为获取蚕种、桑种,以便自己发展蚕丝业,查士丁尼皇帝费尽心机。他曾让一位传教士长途跋涉来到了中国,在民间弄到桑籽和蚕种,并藏之于行路杖里,蒙混过关。可是传教士把桑种和蚕种记混了,竟把蚕种当桑种撒到地里,把桑种包好揣在怀里暖起来,闹了个大笑

图 1-8-2 公主凤冠秘藏蚕种、桑籽

话。后来他们先由居住在中国的印度人将蚕种秘密传到印度,再由印度游方僧人于公元552年献给查士丁尼,这一次,果然繁殖成功,罗马成为欧洲第一个养蚕的国家。蚕种传西域的过程更加传奇。公元3世纪初,西域有于阗国,久想弄到蚕种、桑籽。后来国王想出了娶亲妙计,让中国

公主秘密地把蚕种、桑籽放进凤冠的帽絮中带去。因为凤冠是皇权的象征，谁也不敢查验，就这样过了关。于阗人民很感激这位公主，把她奉为神明，把公主巧带桑蚕种的故事画在板上，以纪念其大功。

公元4世纪，我国的养蚕技术传到中亚细亚各加盟共和国、阿富汗、伊朗和伊拉克，6世纪转由伊拉克传到土耳其、叙利亚、保加利亚、希腊和意大利，7世纪由伊拉克传到埃及，8世纪由意大利传到西班牙，15世纪由意大利传到法国。

图1-8-3 桑 籽

9. 通往富国之路
——丝绸之路

人们通常所说的丝绸之路是指西域丝绸之路。这条长达7 000多千米、横贯亚洲大陆的国际通道，东从西汉首都长安开始，穿过河西走廊和塔里木盆地，跨过帕米尔高原，然后经过现在乌兹别克、土库曼，达阿富汗、伊朗，直抵叙利亚和黎巴嫩，把人类最古老的黄河流域文化、巴蜀文化、恒河流域文化和古希腊、波斯文化及尼罗河文化联结在一起。

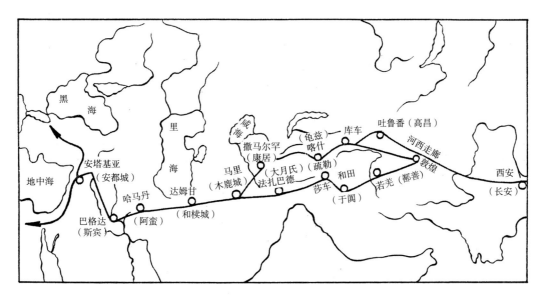

图1-9-1 西域丝绸之路

张骞通西域后，长安形成了出使西方各国的热潮。汉王朝每年派使团多则10多次，少则六七次，每次多者数百人，少者百余人，远者八九年回来（可能是出使罗马），近者数年回来，都带去国书和丝织品。同时，外国使者也纷至沓来。使节常常兼有使者和商人双重身份，实际是官办的贸易队伍。据西方学者估计，汉代贸易盛期，每年通过丝绸之路的中外贸易总额相当于一百万英镑。顺着这条通道，我国的丝绸、蚕种、栽桑养蚕技术、丝织工艺及火药、造纸、印

图1-9-2 丝绸之路上的驼队

刷术等传到了西方，西方的文化艺术和动植物等也源源不断地流入我国，东西方文化艺术在漫漫丝路上通过丝绸这个媒介进行融汇、交流，推动了世界文明的发展。

除西域丝绸之路外，在历史上我国丝绸、茶叶、瓷器三大外销商品也通过草原丝绸之路、西南丝绸之路和海上丝绸之路通往世界各地。草原丝绸之路开辟者为古代游牧民族。特别是在元代，欧洲、阿拉伯、波斯、中亚的商人通过草原丝绸之路往来中国，商队不绝于途。元代是这条路线最繁荣的时期，元上都、元大都成为世界闻名的商业中心。西南丝绸之路以四川成都为起点，永昌（今云南保山）为中转出口站，称作永昌道，终点为身毒（今印度），故又称为蜀—身毒道。即使西北丝路开通之后，汉政府仍有意从这条没有匈奴干扰的捷径由印度转向西方。海上丝绸之路开辟得早，初为东海丝绸之路，主要通往朝鲜和日本，后为南海丝绸之路，通往东南亚各国。唐代安史之乱及吐蕃占领河西后，西域丝绸之路濒临中断。取而代之的是海上丝绸之路的空前发展。全国的丝绸生产中心逐渐南移，海上贸易的港口增多，广州、泉州、扬州、明州（宁波）等相继设立市舶司，海上贸易的性质由以朝贡为主转变到以贸易为主。15世纪发现新大陆后，海上丝绸之路打通了直接由我国传入欧洲和美洲的通道。

10. 田间使者
——作物物种外传

人类曾经栽培过3 000种左右的植物，经过淘汰、筛选、传播和交流，其中遍布全球的大约有150多种，而目前世界人口的主要衣食来源仅依靠15种左右的农作物。我国是世界上三大农业起源地之一。我国驯化栽培了粟（谷子）、黍（黄米）、菽（大豆）、稻、麻和许多果树蔬菜等。这些优良品种传播到国外后，对世界农业的发展作出了重要的贡献。

农作物由我国传往欧洲（西传）比由西方传往我国（东传）要早很多，甚至早几千年。最突出的例证便是起源于我国的糜子（黍），早在距今7 000～8 000年前即传入欧洲。糜子

图 1-10-1　粟

图 1-10-2　千年古茶树

图 1-10-3　大　豆

图 1-10-4　稻　穗

具有生长期短（60 天即可成熟）、与稻谷一样能适应新开垦土地的种植，因此最容易被不断迁徙的人群使用，并在欧亚大草原上不断被迁徙人群所接受，从一个地方带到另一个地方。

　　水稻是我国古代最重要的粮食作物之一，我国对于水稻的栽培可追溯到距今 10 000 年以前，我国稻作技术于公元前 15 世纪传至印度，公元 2 世纪传至尼罗河平原。今天，稻米已成为全球 30 多个国家和世界上一半以上人口的主食。

　　我国是茶树的原产地，给了世界茶的名字、茶的知识和茶的栽培加工技术，世界各国的茶叶大多与我国茶有着千丝万缕的联系。中国茶陆路是沿丝绸之路向中亚、西亚、北亚、东欧传播，海路是向阿拉伯、西欧、北欧传播。如今已成风靡世界的三大饮料之一。五大洲已有 60 个国家生产茶叶，约 30 亿人饮茶。

所有植物性食物中，只有大豆蛋白被称为优质蛋白。现今世界各国的大豆都是直接或间接从我国传去的，他们对大豆的称呼，几乎都保留我国大豆古名——菽的读音。豆腐的发明，是大豆利用中的一次革命性的变革，是我国古代对食品的一大贡献。我国的豆腐技术大约在 20 世纪初传到欧美，生产豆腐、豆乳酱、豆芽菜等豆制品，被称为"20 世纪全世界之大工艺"，成了世界性食品。

除了上述的稻、菽、糜子、茶外，还有原产我国的桃、梨、杏、桑、桦、玫瑰、方竹以及大黄、土茯苓、无患子等植物在汉唐时期通过西域丝绸之路被逐步传播到世界各地，更有许多植物通过海上丝绸之路等途径外传。

11. 域外来客
——物种引进

我国引种历史悠久，而且从未间断。目前栽培的 600 种作物中约有一半是国外引进的，既丰富了我国的作物种类，改善种植结构，又增加了我国产品的数量和产量。正如美国东方学者所说的"中国人的经济政策有远大眼光，采纳许多有用的外国植物为己用"。

小麦起源于西亚的野生小麦，两河流域人民把它改良育种衍变为可种植的农作物。在大约距今 4 500 年前，小麦传入我国黄河中下游地区。到了商早期的二里岗时期，小麦的种植规模突然大幅度提升，预示着我国北方旱作农业种植制度的一次根本性改变，逐步由依赖小米向以种植小麦为主的方向转化。高产的小麦作物大规模种植，使得我国北方旱作农业与南方稻作农业的土地生产能力和地区经济实力相匹敌，这是中原地区在后来很长的一段历史时期内成为我国的政治、文化乃至经济中心的原因之一。

海外农作物传入我国时间表	
作物名称	传入时间
葡萄、苜蓿、核桃、大蒜、香菜、黄瓜、芝麻、蚕豆、豌豆、石榴、榅桲	汉代
波斯枣、巴旦杏、菠萝蜜、油橄榄、胡椒、无花果、菠菜、胡榛子、西瓜、小茴香	唐一五代
占城稻、胡萝卜、凉薯、南瓜	宋代
红薯、玉米、马铃薯、烟草、花生、辣椒、番茄、菜豆、结球甘蓝、花菜、洋葱、杜果、苹果、番荔枝、菠萝、番木瓜、陆地棉、向日葵	明清时期

图 1-11-1　海外农作物传入中国一览表

图 1-11-2　麦　穗

小麦引进 2 000 多年后，我国又通过西北丝绸之路引进西方的棉花、葡萄、核桃、石榴、橄榄、苜蓿、蚕豆、豌豆、黄瓜、胡萝卜、红兰花、酒杯藤、大蒜、胡椒、香菜等作物。正如基因研究表明，现代人工种植苹果的起源是天山西侧的哈萨克斯坦地区，首个人工种植的苹果通过两条主要的进化路线——沿丝绸之路西行和东行。沿丝绸之路西行去往欧洲，沿途与当地的野苹果杂交形成欧洲栽培品种；去往东方，同样因杂交生成了今天在中国培育的苹果祖先。这些植物的输入对我国经济生活有重要的意义，它们很快成为我国人民的生活必需品。特别值得一提的是棉花通过丝绸之路东行传到我国新疆和中原，最终替代麻、葛、丝，成为我国最重要的纺织原料。除植物外，当时还引进了多种动物，包括良种马匹、狮子、犀牛、孔雀、鸵鸟、豹等动物。

图 1-11-3　棉　花

到了 16 世纪，玉米、甘薯等粮食作物的传入对我国农业和社会经济产生了重大影响，有人称之为我国第二个"粮食生产革命"。这些耐旱耐瘠的高产作物，适于贫瘠山地沙土种植，不仅扩大耕地面积，促进山区经济作物种植的发展，而且使我国传统的粮食作物结构发生了变化，直接间接促进了手工业和商业的发展。

玉米是我国明代出现的一种异谷。玉米原产地在美洲，公元 1492 年哥伦布首航美洲，把玉米带到西欧。明代传到我国，至今已 400 多年了。玉米因适应性强、产量高，被人们广泛应用于抗灾和救荒，在明末很快传遍饱受灾荒和饥荒之苦的省份。到了清末，玉米已成了"山氓恃以为命"的重要粮食，仅次于稻谷、小麦，居粮食作物的第三位。

甘薯传入我国是在明万历年间。福建长乐人陈振龙到吕宋岛（今菲律宾）经商。见菲律宾到处都种有甘薯，可生吃也可熟食，而且还容易种植，联想到家乡时常灾歉，食不果腹，就用心学会了种薯的方法。当时，统治菲律宾的西班牙人严禁薯种出境外传，陈振龙就悄悄地买了薯苗，封装在竹筒里，捆扎在商船边，沉在水中，在海上走了 7 天 7 夜，经厦门带回福州。后来甘薯迅速推广到了山东、河南、河北、浙江、台湾等地。甘薯的传入改善了我国农作物的结构和食谱，成为度荒解饥的重要食物之一。

12. 古代农业思想的精髓
——天人合一

中华民族自古以农立国，传统农业长盛不衰。农民垦荒拓土，耕耘稼穑；农田春绿秋黄，奉献食粮。在有限的土地上维系着众多人口的生计。在长期的农业实践中，古人逐步形成了天人合一的思想，在传统农业文明中不断强化、提升，成为我国古代农业思想的精髓。

"天人合一"是古人的一个基本信念。古人认为：人是自然的产物，是天地万物的一部分，人类与自然同源同体。天人合一的思想最早由庄子阐释："天地者，万物之父母也"。后来荀子进一步指出："上得天时，下得地利，中得人和"。国学大师季羡林先生对其解释为：天，就是大自然；人，就是人类；合，就是互相理解，结成友谊。并指出，天人合一文化对人类有着巨大的贡献。天人合一有两层意思：一是天人一致；二是天人相应，或天人相通。一切人事均应顺乎自然规律，达到人与自然和谐。

图 1-12-1　"天人合一"摩崖石刻

天人合一思想，是中华民族 5 000 年来的思想核心与精神实质。首先，指出了人与自然的辩证统一关系：天与人各代表了万物矛盾的两个方面；其次，表明人类生生不息追求发展的进取精神；最后，体现了中华民族思维模式的全面性。"天人合一"的思想无处不在，如在我国特有的茶文化中，由盖、碗、托三件套组成的茶盏就分别代表了天、人、地的和谐统一、缺一不可。

"天人合一"推动了我国古代农业思想的发展及农业实践：形成了"三才""三宜"等农耕理论，强调的是天时、地利与人和的哲学思想，通过以政策导向和行政措施来促进农业的发展并协调利益分配的宏观农业管理思想和以单个经营单位的价值增值为主要目的的微观农业技术与经营管理思想，来推动多种适应天时地利的农耕模式形成，保障农业可持续发展。

图 1-12-2　盖碗茶杯

我国古代农学，始终遵循天人合一的指导思想，把"天时、地利、人和"作为发展农业的准则。这种把自然与社会看为一个统一整体、把农业生产与大自然协调发展的观点以及尊重自然、重视生态环境的观点，无疑是正确的，闪耀着极其光辉的思想，应当继承发扬，助推生态文明建设。

13. 古人耕种的核心观念
——"三才""三宜"理论

我国传统农业之所以能够在自然条件很差的情况下实现持续发展，就是因为我们的祖先在农业生产实践中摆正了人与自然的关系，在尊重经济规律与生态规律的前提下，充分发挥人的主观能动性。表现天、地、人相参的农业"三才""三宜"理论反映的也正是在农业生产中要做到"顺天时，量地利，用力少而成功多"。

图 1-13-1　天地人

"三才"指天、地、人，也称天道地道和人道。《易经》强调，天之道在于"始万物"，地之道在于"生万物"，人之道的作用就在于"成万物"。人们尊崇天道，基本观念是"天道之行"不以人的意志为转移，最重要的表现是春夏秋冬周而复始，是为"天时"。天时决定着自然界万物生长的节律，与农事直接相关，故又称农时。地道，立地之道也。大地载育万物，是发展农业生产的基本条件。古人关于地道的基本观念是"尽地利"，是指充分发掘土地的生产潜力以增加产量。人道，是指人之行为应遵天道、地道，即"顺天时""尽地利"，又要促"人和"，发挥群体之力。二十四节气、地力常新和精耕细作，这三者便是对应于天、地、人的"三才"思想的产物。

所谓"三宜"，即因时、因地、因物制宜。农业的丰收与否，取决于能否因地制宜、合理使用土地，能否选择宜于种植的植物品种，这正是古代司稼（掌管督促农业生产、征收农业赋税的官员）的职责，即负责考察农作物品种，以确定适宜种植的土地。"量力而行"主张农业经营的规模，需要度量自己的力量，与物力、劳力等相称，既不要超过自己的力量盲目扩大经营规模，也不要缩小经营规模，使自己的力量不能充分发挥。这是一切农业举措必须遵循的原则。

"三才"理论是将农业生产看作是人与自然环境相互联系的动态整体，人们只有在农业生产中，做到天时、地利、人和三者和谐与协调，才能出现五谷丰登、六畜兴旺的局面。我国古农书无不以"三才"理论为其立论的依据。《吕氏春秋》中的《上农》《任地》《辩土》和《审时》4篇，是融通天、地、人的相互关系而展开论述的。西汉《氾胜之书》的"凡耕之本，在于趋时、和土"，可作技术看，也可视为三才的具体化。这种思想贯穿于后来的《齐民要术》等所有农书。

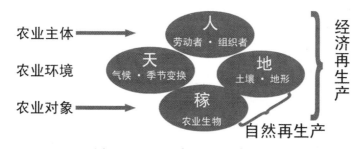

图 1-13-2　"三才"理论示意图

农业生产过程既是农业生物在自然环境下的自然再生产的过程，又是人工干预下经济再生产的过程，在这个过程中农业生物、自然环境和人工干预三者相互依存、相互制约。在"三才"理论系统中，人不是以自然主宰者的身份出现的，而是自然过程的参与者；人和自然不是对抗的关系，而是协调的关系；因而产生保护自然资源的思想。也正是在这种整体观的指导下，我国古代农业重视农业系统中废弃物质的再利用。

14. 农桑为立国之本
——古代重农思想

美国前国务卿基辛格有句名言："你控制了石油，就控制了所有国家；控制了粮食，就控制了人类。"我国是世界上农业发展最早的国家，向来以农立国，对农业的重视程度超过其他国家。

图 1-14-1　管仲石雕像

在我国远古的传说中，凡是对农业作出贡献的，都被当作英雄来崇拜，例如发明农业的神农、发明渔猎的伏羲、发明养蚕的嫘祖、治理水患的大禹和教民稼穑的后稷。西周时，国家设立各种农官，每年立春之日都要举行"籍田"大典，周王沐浴斋戒，亲率三公、九卿诸侯百官到千亩籍田，天子亲自扶犁三推，三公五推，卿诸侯九推，最后由农民耕作。皇后则亲率九嫔，蚕于郊，桑于公田。天子亲耕，皇后亲蚕，以示对农业的重视，可见此时重农思想已经萌芽。春秋战国时期，对农业更加重视，重农理论相继而出。《管子》宣扬"富民"政治，李悝提出"尽地力之教"，孟轲主张"民富论"，商鞅主张"国富论"，推行"农战"政策。战国后期，重农思想上升到了"农本"的高度，强调"以农为本，工商为末"。汉初，晁错的"贵粟论"更主张"重农抑商"。秦汉以来，重农思想更加坚定不移，以"农桑为立国之本"，设坛祭祀先农，下诏令劝农桑。

重农思想，一直是封建政治、经济的中枢神经。由于农业是人的衣食之源，国家财富之泉，社会安定的保障，战争的必备条件，所以成为封建社会的基础产业、封建国家的立国之本。固本必先保农，实行"男耕女织"，形成以五谷为主、农桑（包括麻、棉）并重、兼营六畜的产业结构，把农业、养殖业和手工业牢固结合在一个家庭之内，并要求人们活动"不出乡里""重土少迁"，在一个小范围内自给自足，从而达到安居乐业的目的。一旦小农大量破产，社会就会动荡不安。因此，均田思想，始终贯穿历代经济制度，"均赋役"与"均田地"互为表里，是重农思想在分配方面的体现，要点在"不伤于农"。农学在我国受到重视（如清朝康熙祖孙三代培育推广御稻），成为古代科技中的四大学科之一。

古代帝王为了稳固政权、维护统治地位，把重农思想极端化为农本主义思想和重农抑商政策，把农业和商业长期放在对立面，使我国的农业社会徘徊不前，小农经济长期占居统治地位，违背了经济发展规律，导致经济结构过于单一。

二、种植篇

1. 民以食为天
——五谷

　　"谷"原来是指有壳的粮食，如稻、黍、麦等外面都有一层壳，所以叫作谷。五谷就是五种谷物，反映了当时主要的作物种类，也泛指粮食。"五谷丰登"是千百年来农民的期盼。

图 2-1-1　甘肃民乐东灰山遗址出土的
　　　　　距今 4 500～5 000 年的小麦

图 2-1-2　内蒙古兴隆沟出土的 8 000 年前的黍粒

图 2-1-3　五谷杂粮

图 2-1-4　粟收获后场景

　　五谷的称谓最早起源于春秋战国，古代有多种不同说法，有两种说法影响较大：一种指稻（水稻：大米）、黍（黄米）、稷（粟 sù：小米）、麦（小麦）、菽（shū，大豆）；另一种指麻、黍、稷、麦、菽。两者的区别是：前者有稻无麻，后者有麻无稻。稻的主要产地在南方，而北方有的地方气候干旱，不利于水稻的种植，因此有将麻（俗称麻子）代替稻，作为五谷之一。

　　五谷的概念形成之后虽然相沿了 2 000 多年，但这几种粮食作物在全国的粮食供应中所处的地位却因时而异。五谷中的粟、黍等作物，由于具有生命力强，耐旱、耐瘠薄，生长期短等特性，适合在干旱而缺乏灌溉的地区生长，因而在北方旱地原始栽培情况下占有特别重要的地位。麻是指大麻，古人除了用大麻纤维织布外，也用大麻籽做粮食；菽是豆类的总称，有黄豆、青豆、黑豆等，人们发现菽容易种植和储存，可以帮助度过灾年，菽也与粟成了当时人们不可缺少的粮食。麦有小麦、大麦、燕麦等，小麦在距今 4 000 多年前就被引进我国的新疆地区，并逐步扩展到中原地区，打破了南稻北粟的种植格局。自从有了石磨，小麦从粒食发展到面食，口感大大提高了，小麦也逐渐适应了我国的自然环境和改变了国人的饮食习惯，终于取代了黄河流域固有的黍粟的地位，成了我国广大居民的主粮，成为仅次于水稻的第二大粮食作物。

今天大米几乎占到了我国老百姓主食的 70%，但有一个关于五谷的说法中却没有水稻，这是为什么？这是因为宋代以前我国经济文化中心在黄河流域，稻的主要产地在南方，而北方种稻有限，所以"五谷"中最初没有稻。但唐宋以后，情况发生了变化，北方人口大量南迁，水稻的播种面积不断扩大，最终取代了小米、小麦等成为最重要的粮食作物。水稻在全国粮食供应中的地位日益提高，到了宋代，当时在粮食供应中，水稻占 70%，居绝对优势，大麦、小麦、黍、稷等粮作物，合在一起，只占 30% 的比重，大豆和大麻已退出粮食作物的范畴，只作为蔬菜来利用了。但是在一些作物退出粮食作物的行列时，一些作物又加入到了粮食作物的行列，明代末年，玉米、甘薯、马铃薯相继传入我国，并成为现代我国主要粮食作物的重要组成部分。

2. 原始耕作的符号
——刀耕火种

农业起源对人类古代文明的发展起到了决定性作用。众所周知，全世界有 3 个主要的农业起源地：中国、西亚、美洲。中国能成为古代世界文明中心之一，这与中国农业的起源和发展有非常大的关系。而在农业起源之初，由于技术和文化的限制，并非是精耕细作的传统农业，而是刀耕火种的迁移式农业。虽然简单粗放，却对早期农业的发展有重要作用。

在进行耕作时，先放火把地里的野草杂树烧掉，经过火烧的土地变得松软，不翻地，利用地表草木灰作肥料，等到下雨之后再将收集的种子撒在地面，然后就让农作物自然生长，这叫"刀耕火种"。在早期工具缺乏和技术落后的年代，刀耕火种是人们开垦土地最先采用的耕作方式，是新石器农业的代表性符号。

早在新石器时代人们就已经开始从事这

图 2-2-1　刀耕火种图

种原始农业。当时大地上杂草丛生、荆棘遍地、树木参天，要想在这样的环境下种植作物，首先要开辟出耕地。于是，人们把杂草、荆棘、树木砍掉，用火烧成灰烬。用火烧过的土地，由于有草木灰覆盖，开始的时候松软肥沃，没有杂草，"刀耕火种"1～2年后，土地肥力就下降了，收成减少了，杂草和荆棘的地下根也重新萌发，人们就丢弃原来的那块地，另外找一块新的土地，放火烧掉野草，用同样的方法种植，一两年后又找新的土地，这种耕作制度叫撂荒或抛荒制。到了商代这种耕作制度仍然存在，很多历史学家认为，商代多次迁都的原因很有可能就是撂荒。

"刀耕火种"这种农业生产方式虽然落后，但它是长期生活在该环境中的人们对这种环境适应的结果，也是长期实践的总结。恩格斯在《论日耳曼人的古代历史》中也提到一种叫火耕法的原始耕作方式，可见刀耕火种在中外的农业历史上都存在过。中华人民共和国成立之前，我国的独龙、拉祜、布朗、基诺等民族的部分地区，仍然不同程度地采用刀耕火种这种耕作方式。就算在现今世界，还是有一些国家和民族保留了这种原始耕作方法。

3. 世界粟作农业起源中心
——黄河流域

考古资料证明，我国农业的起源时间大约在距今1万年前，最早种植成功的谷物主要是粟、黍和水稻。起源地必须具备适合农业发展的自然、地理、气候等诸多条件，并且存在可以栽培的野生祖本植物。在北方的黄河流域，到处生长着一种叫狗尾草的植物和野生黍，它就是粟和黍的野生祖本；而在南方的长江流域，人们发现了野生稻祖本，并开始种植它们。以粟为核心的北方旱地农业和以稻为核心的南方水田农业，共同构成了中国古代农业文明的两大分支。黄河流域和长江流域也成为人类文明的发源地和中华农耕文化的摇篮。

1976年，河北武安磁山遗址发现了上百个窖穴，其中88个窖穴（灰坑）内有堆积的粟灰，平均堆积厚度为0.3～2米，有10个窖穴的粮食堆积厚达2米以上，其数量之多，堆积之厚，在已发掘的新石器时代文化遗存极为罕见。同时出土的还有用于脱粒的石磨盘和石磨棒，用于生产的石斧、石铲、石镰。粮食堆积和农具的大量发现，证明磁山人已经越过焚而不耕的"火耕农业"阶段，而进入翻土耕种的"耜耕农业"阶段。磁山遗址中粟的发现，是迄今为止全世界发现最早的粟，不仅将中国种植粟的时间提前到距今7 300多年，也修正了过去世界农业史认为粟起源于古埃及、古印度的观点，磁山遗址因此被确立为"世界粟的发祥地"。

磁山遗址作为世界粟的发祥地，与其所处地理位置、土壤结构、气温、雨量和光照等自然条件是分不开的。现在一般认为，我国黄河流域原始农业并非开始于平原，而是起源于与平原接壤的黄土高原或丘陵山地一带。磁山遗址位于洺河北岸台地，高出河床约25米，地处太行山东麓的山前地带，海拔高度260米，四周山峦起伏，沟壑纵横，台地连绵，土壤为红、黄黏土，具有良好的保水和供水性能、十分肥沃，属温带季风气候，四季分明，非常适宜旱地农业的发展。磁山先民没有辜负大自然的赠予，以自己的聪明才智在此率先培育出了目前世界上最早的人工种植农作物——粟，使人们的食物来源除了采集、渔猎之外又多了一种稳定的供给，改变了人类的饮食结构，使我国原始农业向前迈进了一大步，也是世界农业文明的奇迹。

图 2-3-1　西安半坡出土的距今 7 000 年的粟

此后，河南裴李岗遗址、西安半坡遗址、河南郑州大和村遗址、山西夏县西荫村遗址、青海乐都柳湾遗址、甘肃永靖大何庄遗址等多处发现了粟籽，说明粟在新石器时代的黄河流域大量种植。陆续出现的遗址，如磁山以西的南岗、新郑的唐户、密县莪沟等地把裴李岗和磁山文化相接连，就形成了沿太行山东麓到嵩箕山东麓山前冲积平原的中原种粟农业区，这一范围相当广阔。世界研究学者普遍认为，中国是粟的起源中心并对粟的传播有重要影响，中国粟向东传至日本、朝鲜，向西经阿拉伯、小亚细亚、奥地利传入欧洲。

4. 世界稻作农业起源中心
——长江流域

考古发掘证明长江流域是世界稻作农业的起源中心。稻作农业在长江流域的起源、发展和繁荣，不仅造就了璀璨的华夏文明，而且从未间断对华夏文明的护佑，是让华夏文明绵延不绝的坚实后盾，使我国成为世界四大文明古国中唯一没有中断或消失的文明奇迹。

在河姆渡遗址发掘之前，印度发现了距今 4 300 年的稻谷遗存，所以，曾有我国的稻谷栽培技术来自于古印度的说法。20 世纪 70 年代浙江余姚河姆渡遗址出土了距今 7 000 年的稻谷、稻壳、稻叶和稻秆，堆积厚度有 40～50 厘米，应该就是当时的一个粮仓。刚出土的稻谷，闪着灿灿的金光，遇到空气后很快又变成了泥土的颜色。考古学家通过扫描电镜观察发现，这些稻谷一半是无芒的，属于栽培稻；一半是有芒，属野生稻，并包含籼稻和粳稻两种类型。离稻谷层不远的地方又发现了大量耕作农具，说明河姆渡的稻作农业比较发达，当然不是起源的时候，稻作农业的起源应该更早。后来，考古工作者在湖南澧县彭头山发现了7 800～9 000 年前的栽培稻，在湖南发现了一万年以上的炭化稻谷，在浙江省萧山跨湖桥遗址和浦江上山遗址也分别发现了距今 8 000～10 000 年以上的稻谷，在江西省万年县也发现了距今 12 000 年的稻作遗存，这些足以证明长江下游地区是世界稻作农业最早的起源地之一。

科学研究发现，在华南和东南亚地区，野生作物很多，原始人类只需要通过采集就可以获得足够的食物，没有培育和种植水稻的需求。而长江流域是野生稻生长的边缘地带，野生稻虽有分布却很少，不足以满足当时人类生存的需求，加上自然、地理、气候条件的优越性，构成种植水稻的必要条件。于是，长江流域就成为中国乃至世界稻作农业起源的温床。在此后漫长的历史过程中，稻作农业影响范围不断向四周

图 2-4-1 河姆渡遗址出土的炭化稻

拓展。到新石器晚期，这种以植稻为中心并具有相同特征的文化，不仅已较普遍地分布于我国南方各地，稻作文化也逐渐渗入东南亚地区，甚至南洋各岛屿也开始出现了水稻的种植。

以长江流域稻作农业做后盾，华夏文明克服了黄河流域在商代末期和唐宋时期遭遇的气候变冷、干旱、水土流失等自然灾害，得以继续繁荣昌盛。而发源于尼罗河下游地区的古埃及文明，发源于幼发拉底河和底格里斯河流域的美索不达米亚平原的古巴比伦文明却因气候干旱和土壤沙化，周期性的沙尘自西而东肆虐，导致文明先后泯灭。因此，长江流域稻作农业不仅是黄河流域粟作农业的有效补给，也是南北方自然气候文化多样性和差异性的体现，更是中华文明几千年得以绵延不断的重要支撑。

5. 奴隶社会主要耕作方式
——协田、耦耕

奴隶社会早期主要的生产工具还是木耜，单独的木耜一个人操作，只能刺土，需要多人合作（通常是三人一组）才可以翻起土块，这种协作方式被称为协田。商代青铜器开始被用于制造铲、锄、犁等农具，周代金属农具使用的日渐增多，农业生产技术不断进步，完成翻土工作只需要两个人，于是协田就变成了耦（ǒu）耕。

夏、商、周时期，沟洫农业是黄河中下游农业的主导形式。在奴隶社会修沟洫是大工程，不是单家独户可以完成的，奴隶主们会组织众多劳动力进行协作。在河南安阳殷墟的牛骨刻辞上刻有"王大令众人曰协田"。商周时期奴隶主完全占有生产资料和奴隶本身，奴隶被当成了会说话的工具，当时的价格连牛马都不如，西周时期，一匹马可以换五个奴隶。奴隶主采用残暴的专政手段来强迫奴隶进行大规模的集体劳动，当时主要的耕作方式就是协田。

耦耕在《诗经》和《论语》中都有记载。《周礼·考工记》："二耜为耦"。耦耕就是两个

人各执一耜协同耕作，但具体方法如何，文献没有明确的记载。有人认为两个人各执一耜，并排同一方向耕作；有人认为两个人各执一耜，一前一后耕作；有人认为两个人共执一耜，共踏一耜；有人认为两个人面对面，一人执耜，一人拉绳；有人认为耦耕就是协作劳动的意思，不同的农活有不同的协作方式。《诗经》中有："十千维耦（两万人）"和"千耦其耘（两千人）"的说法，可以看出当时奴隶主的田里经常同时有两千或两万个奴隶在干活。由于当时生产力水

图 2-5-1　协田图
（戴凌　摄）

平相对还比较低，奴隶们也没有干活的主动性，经常消极怠工，奴隶主就派监工用皮鞭和棍子强迫奴隶们在田里进行集体劳动。

协田和耦耕，在奴隶制社会是一种较好的劳动协作方式，有利于提高劳动生产率。到了战国时期由于生产力水平的提高，田地被分割成百亩，以家庭为单位去耕种，各家之间的互助协作已经失去必要性，耦耕也不复存在。

6. 周代用地制度
——菑、新、畬

周代称初垦之田为菑（zī），翌年、第三年者为新、畬（shē）。从西周早期到西周末期这类名称一直存在，指休闲耕作制的 3 个阶段。在欧洲直到 16 世纪，新技术革命前还广泛采用休闲耕作制度。在美国中西部、澳大利亚、加拿大和我国的西部地区，直到今天休闲耕作制度仍有少量分布。由于这些一般都是干旱或半干旱地区，人多地少降水量又小，通过休闲耕作，可以把两年的降水积蓄后在一年使用。

菑、新、畬这 3 个字在我国最早的历史文献《诗》《书》《易》中都有出现，但关于菑、新、畬的解释学术界历来存在争议。《尔雅·释地》："田，一岁曰菑，二岁曰新田，三岁曰畬。"《毛传》的解释和这个完全相同。《礼记·坊记》注曰："田，一岁曰菑，二岁曰畬，三岁曰新田。"次序就出现了差异。当代部分学者认为菑、新、畬是对

图 2-6-1　开荒雕塑

同一块田的耕作成熟程度不同的称谓。即第一年刚开垦、尚不能耕种的田叫菑田，第二年已经能够种植作物了，所以叫新田，第三年新田进一步发展成为畬田，畬田耕作结束后，就进入该块土地的休闲阶段；刘师培先生认为菑、新、畬是3种面积不等，分开独立耕种的田地。"一岁曰菑"即3年中只有1年可以耕种、休耕两年的田是菑田。同理，新田是3年中可以耕种2年、休耕1年的田地，畬田是3年中可以岁岁耕种的不易之田；徐中舒先生认为菑、新、畬是可耕的

图 2-6-2　休闲耕作图

3块面积相等的田，将其称为三田制。其中，菑为休耕的田，新为休耕后新耕的田，畬为休耕后连续耕种的田。第一年如此，第二年仍耕这3块田，不过菑、新、畬转为新、畬、菑，第三年又转为畬、菑、新。如此3年一循环，类似于西欧中世纪的三田制。这种三田制，与古代的二田制、复田制同称为爰田。

菑、新、畬的解释目前还没有统一的说法，争论的焦点在于菑、新、畬指的是同一块田地3种不同耕作阶段，还是在3块不同的田地实施轮换耕作。尽管解释各有不同，但它代表农业轮荒耕作制度已被普遍认可。最初垦出的荒地种两年，地力变薄，收获减少以后就暂时放弃耕作，四周的野草很快将耕地占领，又成为天然草地。这也就是我们现在所说的"撂荒"或"抛荒"制。抛荒以后，人们会寻找新的土地来开垦。但是人类居住地附近的土地有限，几年之后，原来被抛荒的土地需要重新被开垦。

春秋战国时代，社会生产力发展，农作技术，特别是施肥技术已有很大提高，所以菑、新、畬的耕作制度便逐渐消失。

7. 奴隶社会农业的主导形式
——沟洫农业

沟洫是从田间小沟——畎（quǎn）开始，以下依次叫遂、沟、洫、浍（kuài），纵横交错，逐级加宽加深，最后通于河川。夏商周时期的黄河流域河水经常泛滥，在平原地区发展农业就必须先开沟排水，先民通过土地整治，划分田界疆域，形成井田，即方块田，并在井田中建立起规整的沟洫系统。沟洫农业从夏禹致力于沟洫便开始萌芽，到了周朝形成比较完备的井田沟洫制度，成为奴隶社会黄河中下游农业的主导形式和农业标志。

夏商的属地在颍水流域和汾水流域，西周在渭水流域，晋在汾水流域，鲁在泗水流域，汉在汉水流域，这些地方灌溉方便，但土质疏松，地势平坦，每当雨季来临，河水就会淹没农田，因此修建排水沟渠就变得尤为重要。考古工作者也在河南洛阳发现了属于夏文化的水

渠，成为了夏代有沟洫的实证。商代沟洫农业从田字的形状可以看出田间已经有纵横交错的沟洫系统。到了西周，沟洫农业开始盛行，《周礼》中也有了详细的记载，如《冬官·考工记·匠人》："匠人为沟洫，耜广五寸，二耜为耦"。《诗经》中提到的"乃疆乃理，乃宣乃亩"，说的就是平整土地，划定疆界，开沟起垄，宣泄雨水。

沟洫农业的推行，缓解了水涝和干旱的矛盾，保障了农业生产，提高了作物产量，直到春秋时期还在发挥作用。沟洫农业不但是基本农田建设方式，也影响了当时农业技术的发展。作物种在亩（长垄）上，为条播和中耕创造了必要的条件。人们花了大量的精力和时间修建农田沟洫，自然不会轻易抛荒，这就促进了休闲制代替撂荒制。在沟洫农业的形式下，整地技术、中耕条播、土壤改良、作物布局、良种选育、农时掌握、除虫除草等技术都有初步发展，精耕细作技术已经萌芽于其中了。

由于兴修农田沟洫系统是大工程，并非分散的个体家庭所能承担，需要依靠集体力量进行，保持和加强土地公有制成为必要。这就使农村公社得以产生并延续下去。在挖掘沟畎时，人多了会相互碰挤，单人难以依靠耒耜翻起较大的土块，因此两人合作最为合适，耦耕的劳动方式得以固定和推广。与沟洫系统相配合的有相应的道路系统。沟洫和道路把田野划分为一块块面积百亩的方田，用来分配给农民作份地，井田制由此而来。耒耜、沟洫、井田三位一体，是我国早期农业的重要特点。除此之外，我国古代的道路、交通、车战、分封制度、社会组织都不同程度上受到了沟洫农业的影响。

8. 最早的抗旱耕作法
——畎亩法

畎（quǎn）亩法是在我国北方地区最早出现的一种以保持土壤适合种子发芽和作物生长的湿度为核心的抗旱耕作方法。畎是沟，亩是垄（挖掘沟渠时泥土翻倒两旁形成高于地面的埂），有沟必有垄，两者密不可分。畎亩法也就是一种垄作法，这种耕作法对于土地的利用包括"上田弃亩，下田弃畎"两种方式。即在地势高的田里，将作物种在沟里，而不种在垄上，这叫作上田弃亩；在地势低的田里，将作物种在垄上，而不种在沟内，这就叫下田弃畎。高田种沟不种垄，有利于抗旱保墒；低田种垄不种沟，有利于排水防涝和通风透光。畎亩是当时农田的基本形式，故成为农田的代称。这是针对黄河流域旱涝交加的环境下，发展的一种垄作形式的旱地农业，而不是灌溉农业。由于田中的沟和垄的宽度一般相等，即宽 1 尺，深 1 尺。逐渐

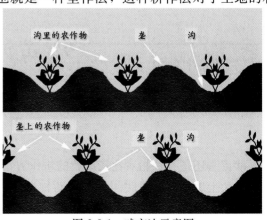

图 2-8-1　畎亩法示意图

地，人们就习惯用畎亩（沟垄）来计算农田的面积，3 条沟和 3 条垄为 1 步，100 方步为 1 亩。这就是土地计量单位亩的来历。

《孟子·告子下》："舜发于畎亩之中。"《论语·泰伯》也提到夏禹"致力于沟洫"。说明畎亩法可能早在尧舜时代就已经出现，到夏、商、西周时期，用于排水防渍（积水）的垄作法即已形成，当时称为"亩"。春秋战国时期，垄作法得以发展，称为畎亩法，除排水防涝之外，还有

图 2-8-2　垄作法

抗旱保墒的作用。《吕氏春秋》中还对亩和畎提出了具体的要求：垄应该宽而平，沟应该窄而深，而且要创造一个上虚下实的耕层结构，这样才能为农作物生长发育创造良好的土壤环境。

另外，畎亩的修治方向要根据地形具体情况而定，特别是要考虑水流和阳光的方向。比如，南北向或者东南向的畎亩就比较有利于接受阳光照射，增强光合作用；反之，东西向的畎亩，阳光就不能照射到作物根部，不利于作物的生长。

畎亩法的推行对当时的农耕技术和农业工具也产生了深远的影响。在实行垄作之前，作物一般都是漫田撒播，庄稼散乱生长，没有固定的株距和行距，这样不但不利于作物的采光和通风，也没有办法中耕和除草。实行垄作之后，只要畎亩方向合适，阳光就可以照射到作物的根部，有利于光合作用，可以提高产量。田里的作物有了行距，同时也方便了人们下田除草，中耕技术就随之出现，是我国传统农业生产技术的一大进步。随着中耕技术的产生，六角形铜锄等中耕农具也开始推广。

垄作这种耕地方法至今仍有较高的实用价值，垄作栽培地面呈波浪形起伏状，地表面积比平作增加 25％～30％，增大了接纳太阳辐射量，白天垄上温度比平作高 2～3℃，夜间垄作散热面积大，土壤湿度比平作低，增大了土温日较差，有利于作物生育；在雨水集种季节，垄台与垄沟的位差，便于排水防涝；地势低洼地区，垄作可改善农田生态条件；垄作还因地面呈波状起伏，增加了阻力，能降低风速，减少风蚀；垄作在作物基部培土，能促进根系生长，提高抗倒伏能力。

9. 黄河流域的抗旱栽培技术
——代田法

畎亩法还是一种相对比较原始的耕作方法，土地没有得到轮休，当土地肥力用尽以后，就需要让土地休养一段时间才能重新种植，少则 1 年，多则 3 年，大大降低了土地利用效率。代田法是西汉赵过在总结前人经验的基础上，对畎亩法加以改进和推广的一种适应黄河流域旱作地区的耕作方法。由于在同一地块土地的沟和垄隔年代换，所以称作代田法。

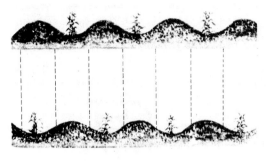

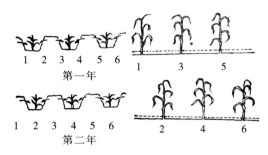

图 2-9-1 代田法示意图　　　　　　　　　　　图 2-9-2 代田法

赵过代田法的主要内容就是"一亩三甽（zhèn）岁代处"。甽就是畎（田间小沟），即把耕地分治成甽和垄，甽垄相间，甽宽 1 尺、深 1 尺（汉 1 尺约当今 0.694 尺），垄宽也是 1 尺。1 亩定制宽 6 尺，适可容纳三圳三垅。由于黄河流域是旱作区，雨水较少，而且春天常有大风，春季将幼苗种在沟里，能够保持一定的温度和水分，有利于防风抗旱，这时垄处于休息状态，任其自生野草培养肥力。夏季作物已经生长到一定高度，这时把垄上的养过杂草有肥力的土壤培到作物的根部，肥沃的垄土不但可以壮苗，还可以使作物的根基更加牢固，从而抵御黄河流域夏季的大风。经过多次中耕和培土，原来的垄和沟已经互换了位置，而幼苗总是在沟里播种，于是就产生了休闲轮作的效果。当时，赵过为了推广"代田法"等先进的农业技术，下令全国的郡守所属地的县令、三老（县的下一级官员，类似乡长，主要工作是收税）、力田（一种乡官）以及乡里有经验的老农到京城学习，这也是我国历史上最早的全国农业技术推广培训班。使用代田法，虽然每季只有一半的土地在进行耕种，但省下了休田的时间，并且垄上的土壤仍然可以为正在耕作的土地提供肥料，因而实际上提高了农田的使用效率和单位产量。在代田法耕作下，作物产量"超出常田一斛以上，善者倍之"。

西汉曾经把代田法推广到今天的河套、甘肃西北部、关中地区、山西西南部以及河南西部等地区。但代田法这种特殊的耕作方式却没有延续下来，到了西汉晚年就不再使用。原因有两方面，一是代田法对牛和农具的要求较高，适合大规模种植，不适合以小农经济为主的封建农业；另一方面，在黄河流域旱作技术发展史上，代田法只是防风抗旱的多种农法之一，很快被耕、耙、耱为核心的北方旱地耕作体系取代。虽然代田法没能长时间普遍流行，但是它所包含的一些技术因素，仍然被不断继承吸收，对我国农业科技的发展产生了深刻的影响。

10. 集中水肥的种植技术
——区种法

区种法是一种田园化的集约耕作方法。特点是在小面积土地上集中使用人力物力，精耕细作，防旱保收，求得单位面积的高产丰产。区种法起源于代田法，是综合运用深耕细作，合理密植，增肥灌溉，精细管理等措施，全面增加作物产量的方法，它的关键是深挖作区（地平面下的洼陷），将作物种在区里可以集中水分、肥料，起到抗旱保墒的作用。适用于北方旱作地区，是汉代我国抗旱丰产耕作法的重要成就。

图 2-10-1　小篆"区"

区田是低于地面的田畦，低畦种植能够聚集水肥，有效减少水土流失。区种法最早载于汉成帝时的《氾胜之书》，具体做法有 2 种。一种是沟状区田法，比较适用于平地。即把长 18 丈（汉代 1 丈＝10 尺，1 尺＝27.7 厘米）、宽 4 丈 8 尺的地，横向分为 15 町（田地），町与町有行走道，每个町内挖深 1 尺、宽 1 尺、长 1 丈 5 分的沟，在沟内点播作物。沟状区田与代田法的形式相似，二者区别在于：代田是在长条形的亩中"一亩三甽"；区田法则是把长方形的亩分成 15 町，再在每町上挖出 14 条约长 1 丈的沟，这样的安排更便于管理。沟状区田法适合于种植禾、黍（黄米）、麦、大豆、苴（一种油料作物）、胡麻等作物。一种是窝状区田法，比较适用于零星的小块土地。即在田地里挖方形或者圆形的等距离坑，坑的大小、深浅、方圆、距离，根据作物的不同而有所差异。据《氾胜之书》记载，窝状区田又分为上农夫区、中农夫区和下农夫区，在上农夫区"区种粟二十粒，美粪一升，合土和之"，而在中农夫区和下农夫区未提及施肥的环节。窝状区田法适合种植粟、麦、大豆、瓜、瓠（与葫芦相似）、芋等作物。区种法的技术特点主要分为 3 个方面：首先是深翻作区，把庄稼集中种在区内，有利于储存灌溉的水，减少水分和营养物质的蒸发和流失。其次，区种法需要点播密植，对株距、行距、每亩苗数有严格规定，播种前还要用溲种法（用肥料和可以防虫的物质进行抗旱的种子处理）处理；除此之外，在区内对作物进行施肥灌溉和中耕除草的集中管理。《氾胜之书》中强调，区田"非必须良田也，诸山陵近邑高危倾阪及丘城上，皆可为区田"，这说明汉代对于非良田的耕种和荒地的开发，采取了直接建区田的治田方法。

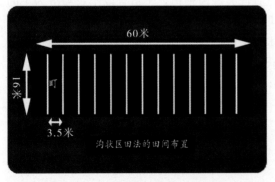

图 2-10-2　沟状区田法的田间布置　　　图 2-10-3　窝状区田法上农夫区的田间布置

区划	规格（方/深）	区间距	每亩区数	每日作区	每亩粟下种量	每亩产量
上农夫区	6寸×6寸	0.9尺	3700	1000	2升	100石

（续）

区划	规格（方/深）	区间距	每亩区数	每日作区	每亩粟下种量	每亩产量
中农夫区	9寸×6寸	2尺	1027	300	1升	51石
下农夫区	9寸×6寸	3尺	567	200	0.5升	28石

区种法不但可以大大提高粮食的亩产量，适用于平地和常年耕种的熟田，也适用于坡地和荒地，有利于扩大可利用土地的范围，在抗旱保墒和抗蚀保土方面起了重要作用，但由于这种耕作方法需要耗大量人力物力，技术要求也高，在汉代之后，都只是存在于作为小面积的试验田，并没有大范围的推广和普及。

11. 抗旱种子处理方法
——溲种法

溲种法就是给种子包裹一层厚厚的骨粪。经过溲种法处理的种子可以免除一部分虫害、提高抗旱能力、发芽后长出的作物根系发达、植株粗壮，类似于我们现代的种子包衣技术。

《氾胜之书》记载的溲种法有两种做法，分别被称为后稷法和神农法。后稷和神农都是我国古代文明和农业生产的发明人。后稷法就是用碎马骨和水1∶3一起煮，煮沸3次之后，滤除骨渣，将一定量的附子放在内浸泡。3～4天后，取出附子，将蚕粪、羊粪与骨汁1∶1混合搅拌成稠状待用。播种前20天把种子放入其中搅拌，让混合物充分附着在种子上。为了让种子干得快，选择天气干燥时，可以多次搅拌，薄薄地摊开，让它更容易干。这样反复操作六七次后，随即晒干，妥善储藏，避免受潮。在播种前，用剩下的稠汁再操作一次后播种。种子经过处理，不但可以使作物避蝗虫危害，而且也更加耐旱，从而使收成能够加倍。

神农法就是用碎的马、牛、羊、猪、麋、鹿等的骨头和雪水1∶3同煮，煮沸3次后滤去骨渣，用骨水来浸泡一定量的附子。5天后，取出附子，再把等量的麋粪、鹿粪和羊粪捣烂后放入骨汁里，充分搅拌成稠状，等天气好的时候将种子放进去反复搅拌、晾晒、备用。如果没有骨头也可以用煮蚕茧缫丝的水来代替。经过处理的种子，能

薄田不能粪者，以原蚕矢○三杂禾种种之○，则禾不蟲。○
又马骨剉一石，以水三石，煮之三沸；滤去滓，以汁渍附子○五枚；三四日，去附子，以汁和蠶矢羊矢各等分，挠合洞洞○如稠粥。先种二十日时，以溲种如麦饭○状。常天旱燥时溲之，立乾；薄布数挠，令易乾。至可种时，以馀汁溲而种天阴雨则勿溲。六七溲而止。
之。则禾不蝗蟲○。无马骨，亦可用雪汁，雪汁者，五榖之精也，使稼耐旱。
常以冬藏雪汁，器盛埋於地中。治种如此，则收常倍○。

三、溲种法 ○

图 2-11-1 溲种法

够避虫、耐旱，从而保证农业产量的稳定。

后稷法和神农法虽然在操作上有所不同，但原理基本相同，就是在种子上包裹动物粪便、碎骨头和药物等为原料的混合物。蚕粪、羊粪以及麋鹿粪质地细腻、黏性大，容易附着在种子上。不仅有一定的保水能力，还是营养丰富的肥料，可以促进作物生长。特别是蚕粪，不仅富含氮、磷、钾的复合有机肥料，而且还含有镁、锰、硅等微量元素，更有刺激植物生长的吲哚乙酸。因而对壮苗有巨大作用。骨汁中含有骨胶，同蚕粪和羊粪一起起到黏合剂的作用。附子是乌头的干燥块根，含有乌头碱等有毒成分，是一种热性很大的带有剧毒的中草药，对防治地下虫害有显著效果。中华人民共和国成立后，我国的科学家曾对溲种法进行了试验，作物平均增产达到了 8.5%，并且分析了溲种法增产的 3 个原因：一是能促进种子发芽；二是保障种子生长所需的营养；三是可以使作物根系发达，从而提高作物的抗旱能力。

12. 古代农业最主要的生产方式
——铁犁牛耕

黄河流域农业生产力的跃进是从铁器的使用开始的。和木石农具相比，铁制农具更加坚硬锋利，经久耐用，大大提高了耕作效率，对农业的发展起到了至关重要的推动作用。春秋战国时期，我国已掌握生产可锻铸铁（又称韧性铸铁）的技术，比欧美同类发明领先 2 000 年。铸铁技术使铁制农具的生产成为可能，战国中期，铁农具已在黄河中下游普及开来，金属农具代替木石农具的革新终于完成。

图 2-12-1　汉代牛耕图

在铁器时代到来以前，耒耜（lěisì）一直是我国主要的耕地工具。7 000 多年前，河姆渡人用大型动物的肩胛骨做成简单的骨耜，开启了耒耜的历史。耒耜是一种木制的双齿形掘土工具，进入铁器时代以后，耒耜被普遍安上铁质的刃套，原来的踏足横木取消，在此基础上安装了拉杆和把，从手推足跐上下运动的方式变为前曳后推水平运动的方式，耒耜逐步发展为犁。铁犁的出现在农具发展史上具有划时代的意义，推动了牛与犁的结合。然而，战国的铁犁只有"V"形的铁犁铧，没有犁壁，只能破土划沟，不能翻土作垄，因此牛耕在战国时期并不普遍。西汉发明了犁壁和犁箭，大大提高了翻土效率。尤其是汉武帝时期，搜粟都尉赵过大力推广"二牛抬杠式"的耕地方法，铁犁牛耕才在黄河流域普及开来，并逐步推向全国。

图 2-12-2　犁　铧　　　　　　　　　　图 2-12-3　牛革头、牛笼嘴

　　铁犁牛耕的运用使人们从繁重的耕作劳动中解放出来，不但推动了农业生产力的发展，还使阶级力量的对比产生变化。铁器的使用使农业生产率大大提高，劳动者的个体独立性大大加强，两人协作的耦耕不再必要，促进了井田制的瓦解，封建地主制由此逐步形成。秦朝统一中国以后，铁犁随着中原铁器一起流传到了珠江流域。东汉末年至南北朝时期，北方战乱频繁，南方相对稳定，铁犁牛耕等先进的耕作技术，随着南迁的百姓，在江南地区得到不断地发展。汉代后期又出现了灵活轻便的短辕犁（蔚犁），便于在山间谷地耕作。唐代江南农民创造出适合在水田耕作的曲辕犁，辕身更加轻巧，便于调动方向。

　　铁犁牛耕是中华民族千百年来主要的生产方式，是冶铁技术、畜力资源和生产实践相结合的产物。铁犁牛耕的应用，使农业生产向高效、精准、因地制宜的方向发展，推动了土地加工、水利灌溉、施肥改土、耕作制度等一系列农业技术的进步，是古代精耕细作的农业体系形成的基础，至今仍然是我国主要的耕作方式之一，堪称中华农业文明之灵魂。

13. 北方旱地抗旱保墒技术体系
——耕、耙、耱

　　耕—耙—耱是南北朝时期形成的一种适应于北方旱地农业的精耕细作技术。我国黄河流域春季干旱多风，土壤水分容易蒸发，古代有个专用的名词叫失墒（墒，土壤中的水分）。自古以来，抗旱保墒是人们耕作的原则和目标。从秦汉至魏晋南北朝时期，黄河中下游地区逐步形成了一套以抗旱保墒为中心的耕—耙—耱耕作体系，这是我国土壤耕作史上最杰出的创造之一，至今仍被认为是成本最低、最环保的抗旱技术。

　　所谓耕—耙—耱就是对农田土壤进行"先耕、后耙、再耱"的 3 项连续作业。对应这 3 项作业的农具分别是犁、耙、耱。此时的犁主要是汉代发明的直辕犁，已经实现犁壁与犁铧的结合，具备松土、破土与翻土作畒的耕地功能；土壤翻耕后需要细碎土块，魏晋南北朝时期发明专用农具——耙，耙是由 2～3 块硬木板在同一平面内相间平行组合而成，木板下方安装着错落有致的钉齿，叫作耙，是用生铁铸成的。耙田时，钉齿朝下切入土壤，耙田的人两脚一前一后站在耙上，由耕牛拉着前行，耙加上人的重量，使得钉齿切入土壤，可以很好地实现整土和碎土的功能；细碎后的土壤，表层土质比较疏松，更容易造成土中水分的蒸发，于是又增加了一道耱的工序。耱是用较粗的荆条编织而成的长方形板状农具，使用时把耱平放在翻耕过的田地上，由牲畜拉着前进，操作者站立其上，或者用石块放在上面，以增大对土面的压力，进一步压实土壤表层，达到保墒的目的。

这一体系的科学原理在于：土壤中有天然的毛细管与外界相通，其中的水分就会通过这些毛细管蒸发到空气中，通过耕、耙、耱，破坏了原本土壤中的空气通道，减少了土壤水分的流失，适合北方旱地农业的耕作。北魏著名的农学家贾思勰在《齐民要术》中对耕耙耱抗旱保墒技术，做了理论说明，并对耕耱技术提出了详细的要求。要求"犁廉耕细"，耕犁条不能太宽，宽了就耕不深，耕不细。"凡耕高下田，不问春秋，必须燥湿得所为佳"，需要根据土壤的含水量确定耕作时间。"凡秋耕欲深，春夏欲浅""初耕欲深，转地欲浅"，耕地的深度，要求根据时节而定。可见，在当时我国北方耕耙耱精耕细作技术体系无论是实践还是理论上都已经形成。直到今天，北方基本上还是沿用这一耕作技术体系。

图 2-13-1　耕、耙、耱作业图（甘肃嘉峪关墓壁画）

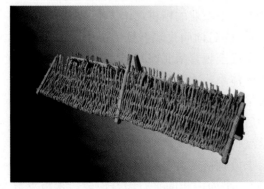

图 2-13-2　耱

图 2-13-3　耙

14. 南方水田精耕细作技术体系
——耕、耙、耖

与北方地区的抗旱耕作相对应，我国南方气候湿润，适合水稻生长，因此自古以来一向以水稻种植为主。水稻种植要求大田平整、田泥糊烂，并需要具备相应的灌溉措施。唐代随着安史之乱，经济中心的南迁，南方形成一套以耕—耙—耖为中心的水田耕作体系。

这时江南农民在长期生产实践中创造出一种犁辕短曲的水田专用犁——江东犁，又称曲辕犁，它操作灵活，可随土质情况调节犁地的深浅，便于在南方梯田耕作使用，逐渐取代了汉代以来一直使用的直辕犁。水田耕翻以后，需要灌水浸泡，耙碎田泥，于是发明了一种专用的带滚轮的水田耙，又称为滚耙。泥土经过反复耕耙以后，泥土已经烂碎如糊，这时候还要进行一道工序，叫作耖。耖是由几根硬木做架子，最上方的横木用作扶手。下方有尖齿均匀的排列，两端安装木条用来系挽牛轭。使用时牛在前拉耖，人控制扶手向前推耖，使田泥更加细碎，平滑如镜。

图 2-14-1　耕（雍正耕织图）

图 2-14-2　耙（雍正耕织图）

耕、耙、耖是世代认同的传统南方水田整地三部曲。先用犁来耕翻水田，通过深耕将杂草肥料翻入土中，经过腐烂分解成为有效肥料。同时被覆盖在土下的虫卵缺氧死亡，减少了翌年病虫害的发生。翻耕之后的土壤，经过灌溉水的浸泡，再用带有滚轮的耙反复滚压，将大泥块变成小块的碎泥。再用耖将水田中凹凸不平的泥巴轮为泥浆，为之后的水稻栽培做好了所有准备。

耕、耙、耖三部曲大幅提高了土地利用率和土地生产率，成为南方水田精耕细作技术体系的核心。在北方耕、耙、耱配套技术的影响下，南方农业生产开始迅速发展起来，我国的经济中心也由黄河流域转移到了长江流域。南宋著名画家楼俦绘制《耕织图诗》，包括耕、耙、耨、耖等篇章，是对南

图 2-14-3　耕　田

图 2-14-4　耙 田　　　　　　　　　　图 2-14-5　耖 田

方水田农业生产的纪实描述，促进了南方精耕细作体系的进一步普及和成熟。明清以后水田耕作体系进入了深入发展阶段，在很大程度上解决了明清时期人口激增、耕地少的矛盾，土地利用率达到了传统农业的最高水平。

15. 提高单产的千古绝技
——品种选育

　　农作物种子的优劣对农业的丰收和改善品质起着至关重要的作用。早在人类社会的早期，人们就认识到成熟饱满的种子，长出的植株整体粗壮，穗大粒多。

　　大约在夏、商、周时期我国已经有了"嘉种"的概念，嘉种就是良种，是带有优良遗传基因的农作物。《诗经》中也有关于黍、稷等作物良种的记载。西汉《毛传》记载："黄（丰美的谷物），嘉谷也。"著名的"十八学士"之一孔颖达说："谷之黄色也，唯黍（shǔ）、稷（jì）耳。黍、稷、谷之善者，故云：黄，嘉谷也。"三国时曹植有诗《喜雨》："嘉种盈膏壤，登秋毕有成。"

　　春秋时期，人们已选育出早熟和晚熟的品种。战国时期，人们已经培育出丰富的作物品种。在《管子·地员篇》就提到了黍、稷、稻、菽等 30 多个品种的作物。为了让各种作物选择合适的土地种植，当时还专门设立了司稼这一专职官员来管理。司稼定期会派人去各地巡视，考察农作物的品种、名称、适合土壤和种植方式，然后写出报告并公布，供农民阅读，指导他们因地、因时种植合适的作物品种。根据《齐民要术》记载，北魏时期，先民们对如何保持种子纯度、如何处理种子和农作物对土壤的适应性有了比较深入的了解，并且已经开始采用穗选法培育和繁殖良种。

　　明清时期，人们对种子在农业生产过程中的重要性，有了更加深刻的认知。当时"母强则子良，母弱则子病""择种不当，贻误岁计"等观点得到了普遍的认可。加上当时作物地复种指数提高，对作物种植的要求也相应提高，这在一定程度上促进了作物的选育工作。明代《国脉民天·养种篇》对当时的选种工作做了详细的记载："凡五谷、豆、果、蔬菜之种，犹人之父也，地则母耳。母要肥，父要壮，必先仔细拣种……即颗颗粒粒皆要仔细精拣肥实光润者，方堪作种用……所长之子，比所中下之种必更加饱满……下次即用此种所结之实内，仍拣上极大者作为种子……如此三年三番之后，则谷大如黍矣。"

之后也有清康熙在丰泽园（现中南海中）的水田中偶然发现有的稻谷提早成熟，于是他每年都将早熟的稻穗留下来做种子等待来年播种，以"一穗传"的育种方法，培育出了新的早熟稻。《康熙玑（jī）瑕格物篇》中是这样说的："高出众稻之上，以米色微红而粒长，气香而味腴（yú），以其生自苑田，故名'御稻米'。"康熙培育的御稻米，除了米色微红，气香味腴外，还具有早熟、抗旱能力强的特点。但对于这种新品种，康熙并没有急于推广，只是先在宫内种植，供宫廷内部食用。经过北方地区30多年的试种，御稻米才被推广到江南一带种植，后来被称为康熙御稻。

选择植物的优良品种加以繁殖，实质是选优去劣，定向干预作物的基因频率，最终改变作物的遗传结构，使其更加适应种植的需求。由于选育良种的方法与技术的不断进步，明清时期优良品种大大增加，根据清《授时通考》记载，小米的品种有大约500个，水稻品种有3 429个。中华人民共和国成立后，我国的主要作物中，优良品种已经更换了5～6次，每次都使产量增长10%以上。60多年以来累计培育了6 000多个作物新品种，全国良种覆盖率已经超过90%。现代作物育种技术体系的建立和新品种的成功培育，不但推

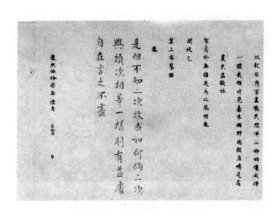

图 2-15-1　康熙御稻朱批

动了品种的更新换代和质量的提高，还实现了我国粮食的基本自给，保证了国家的粮食安全。

16. 传统农业增产方式
——多熟制种植、间作、套种、轮作

古代农业增产增收增效从历史上看是惊人的。从远古的刀耕火种、休闲耕作制，到古代的连年种植、多熟制种植、间作、套种、轮作，土地利用率和生产效率实现了多次倍增，得到了跨越性的发展。多熟制种植可以提高传统农业的产量和效益，间作套种可以最大程度地利用空间和资源，同时可以提高复种指数，是多熟制种植的技术手段之一，轮作不但可以保证作物产量，还可以不断恢复和提高地力。

多熟制种植是指一年内于同一田地上连续种植两季以上作物的一种种植制度。常见的有麦一稻一年两熟，蚕豆一稻一稻一年三熟，冬小麦一夏玉米或大豆一冬闲一棉花两年三熟等。我国2 000年前已有粟收种麦，麦收种粟和豆的多熟制种植的记载。

图 2-16-1 间 作

图 2-16-2 套 作

图 2-16-3 套 作

图 2-16-4 玉米套种马铃薯
（曹礼达 摄）

间作指在同一田地上于同一生长期内，分行或分带相间种植两种或两种以上作物的种植方式。我国早在西汉《氾胜之书》中已有关于瓜豆间作的记载。北魏《齐民要术》中也记录了桑与绿豆或小豆间作、葱与胡荽间作的经验。一般把几种不同作物同时期播种的叫间作，不同时期播种的叫套种。

轮作是在同一块田地上，有顺序地在季节间或年间轮换种植不同的作物或复种组合的一种种植方式。轮作是种地和养地相结合的一种措施，我国早在西汉就实行休闲轮作。《齐民要术》中有"谷田必须岁易""麻欲得良田，不用故墟""凡谷田，绿豆、小豆底为上，麻、黍、故麻次之，芜菁、大豆为下"等记载，指出了轮作的必要性和顺序。

进入明代以后，虽然耕地面积有所增加，耕作技术也更加成熟完善，但远没有人口增长得快，人均耕地迅速下降，于是多熟种植在南方地区发展起来，并且有了间作、混作等新复种技术。明代长谷真逸《农田余话》记载，在早稻的行间插种晚稻，让它们有一段共同生长的时期，以延长晚稻的生长期，到达双季稻的目的。在二熟制的基础上，在常年气温较高的地区，清代又发展了三熟制。

多熟种植使土壤肥力消耗很大，为保证既能多熟种植，又使土壤肥力不会衰竭，所以明清时期在多熟种植的同时还安排豆类作物参加轮作。轮作是在同一块田地上，在不同季节或年份种植不同的作物。豆类可以固定空气中的氮，增加土壤中的养分，用豆类作物参加轮作，既可以获得一季粮食，又能防止土壤中的养分过度损耗。另外，还采取水旱轮作的方法，使土壤中的有机物在土壤含水量不同的情况下，得到充分的分解，增加土壤养分，同时也可减轻病虫害和草害。

多熟制种植、间作、套种、轮作作为传统农业增产方式相互作用、相互影响，并且保障了作物产量和土壤环境之间的平衡。对合理利用农业资源、提高农业综合生产能力发挥了重要作用，使种植业向着高产、优质、高效、生态的方向不断发展。

17. 古代种稻技术要诀
——育秧、耘田和烤田

传统水稻栽培过程在《耕织图》中有详细而直观的描绘，包括整地、浸种、催芽、育秧、插秧、耘耥（tāng）、施肥、灌溉、收割、脱粒、扬晒、入仓共12个环节。最突出的有3项：育秧、耘（耕）田和烤田。其中育秧技术是普遍采用的水稻移栽技术的核心，耘田和烤田又是之后田间管理技术的关键。

早期水稻的种植主要是"火耕水耨（nòu）"，出自西汉司马迁所著的《史记·平淮书》。用火烧开一片空地后播种，待禾苗长出7～8寸后，及时将伴生的杂草去除，再将水灌入田中淹没并闷死杂草，使之腐烂成为肥料以助稻秧生长。东汉时水稻技术有所发展，南方已出现比较进步的耕地、插秧、收割等操作技术。唐代以后，南方稻田由于曲辕犁的使用而提高了劳动效率和耕田质量，并在北方旱地耕—耙—耱整地技术的影响下，逐步形成一套适用于水田的耕—耙—耖整地技术。明清时期多熟制种植、间作、套种、轮作技术被灵活运用到水稻栽培中。

早期的水稻均以直播种植。直播法是翻土后直接将种子洒在田中，经过喷药或施肥就可以等待收成，简单省力，但直播品种抗病虫能力差，若遭遇事故可能全部绝收。稻的移栽大约始自汉代。育秧移栽法是先把稻种栽培在经过施肥和整理的土地（称为苗床阶段），等到发秧以后再将其移往大田种植，直至收获。育秧移栽可以大大提高水稻抗病虫害的能力。随着南方水稻生产的发展，特别是多熟制种植的推广，育秧栽移技术成为了推行多熟制种植的重要措施，于是育秧成为了最后粮食是否高产的关键因素。宋代《陈旉农书》中详细地描述了培育秧苗的重要意义和技术要求。第一，选择合适的土地，土壤要保持细碎平整，通过焚烧提高地温，然后施上基肥；第二，及时播种，切不可看到天暖

图 2-17-1 温室育秧

就播种，而不考虑季节是否到来，秧苗容易被寒潮冻伤，最后只好重新播种，不仅耽误农时，也无法再育成壮苗；第三，合理施肥，为了防止烧坏秧苗，施肥要使用经过发酵腐熟的麻饼；第四，认真管理，遇到暴雨要尽快排水，防止种子聚集，遇到大雨，要加深水层，避免雨水打到秧苗。做到以上这些，就基本能培育出好的秧苗。然而，育秧栽移技术在古代也有局限性，消耗了极大的人力和心力，对于劳动力较少的农家来说难以负担，需要另花钱雇农工帮忙。

育秧之后，耘田和烤田是水稻田间管理的重要技术措施，通过松土、除草改善土壤状况。关于耘田，《陈旉农书》强调了两点，一是耘田的目的：耘田不单单是为了除草，就算没有草，也要耘田，把水稻根部附近的泥土耙松，成为泥浆，这样土壤中的空气可以得到更新，有利于根系的生长；二是耘田的方法：《陈旉农书》中提到了一个自下而上的耘田法，根据丘陵地区梯田的特点，从最低的田开始放水耘田，依次向上，从而保证耘田的质量，不至于耘到上面的时候田已经干燥难耘了。宋元时期，江浙的农民发明了一种新的除草松土农

图 2-17-2　烤田

具——耘荡。耘荡形似木屐，长 1 尺多，宽约 3 寸。木板底面钉上 20 多枚短钉，木板上面装上一竹柄，竹柄长 5 尺多。耘荡的发明，使过去弯腰曲背的耘田姿势转变为站立，而且使每天耘田的面积比手耘增加一倍。烤田是在水稻分蘖末期，为控制无效分蘖并改善稻田土壤通气和温度条件，排干田面水层进行晒田的过程。通过这一措施，土壤水分减少，促使禾苗根向土壤深处生长，有利于禾苗的生长发育。关于烤田，陈旉指出可以在稻田中间和四边开深沟，将田水排入沟内，泥土表面干燥龟裂，水分减少，促使水稻的根系向土壤深处生长，有利于禾苗的生长发育、防风抗倒、抗病害。

18. 流传千年的生态养殖方式
——稻田养鱼

稻田养鱼模式，鱼能吃掉稻田中的杂草和害虫，排泄物可以作为水稻的肥料。鱼在田间游动，可以翻动泥土促进肥料分解，增加通风，促进水稻生长，一般可以使水稻增产 10％左右，同时又可以获得鱼产品，并且稻鱼品质好，附加值高。另外，稻田也为鱼提供了良好的生活环境，丰富而新鲜的活饵料，水稻吸收肥料，让水质得到净化。鱼生活在这种自然的环境中，感染的机会大大减少，因此体质健壮，抗病能力强。

从目前考古发现来看，稻田养鱼最晚在汉代已经出现。在我国的陕西出土了东汉时期的

图 2-18-1　稻田养鱼

水田陂塘模型，当时人们用陂塘养鱼、种植水生植物，并且和稻田相连接，将陂塘养殖和水田灌溉相结合，属于大田和水体综合利用的生态农业。在四川的汉代墓室中，发现了石刻的水塘水田模型，上面刻有青蛙、龟、鸭、鲫鱼、田螺等，而且在出口处还有竹笼，用来防止田中的鱼游出去。在陕西也出土过一些三国时期的水田养鱼模型，当时不但有稻鱼共生系统，同时也在水田中种植菱角、莲花等水生植物，养殖蛙、螺、鱼、鳖等水生动物。三国时期的文献《魏武四时食制》也记载了稻田养鱼："郫县子鱼黄鳞赤尾，出稻田，可以为酱。"魏武就是指的曹操，郫县在四川，子鱼是小鱼，黄鳞赤尾一般指鲤鱼。四川的稻田一般全年积水，具备稻田养鱼的条件。明清时期南方农民在"稻田养鱼"的基础上改良，形成基塘农业。明嘉靖时实行塘内养鱼，塘上架梁修笼舍养鸡养猪，塘基植梅种桃，塘外田地种谷物，将粮、畜、鱼、果综合经营，收益甚丰。明代中叶又出现了农桑鱼畜相结合的生态系统，人们以农副产品养猪，以猪粪肥田，再将挖出的泥堆放在水塘的四周作为地基，基上种桑，塘中养鱼，形成陆地和水面综合利用的农业生态系统，在地势低洼的珠江三角洲和太湖地区普遍推广。后来经过改造，成为桑（桑树）基鱼塘、蔗（甘蔗）基鱼塘、果（水果）基鱼塘等生产模式，沿用至今。

稻田养鱼在我国的山地丘陵地区比较普遍，养殖的鱼类以草鱼和鲤鱼为主，有时候会因地制宜搭配一些其他鱼类。浙江青田的稻田养鱼有 1 200 多年的历史，并且形成了独特的稻鱼文化。饭稻羹鱼、鱼食稻花、千年传承、至今沿用。2005 年，浙江青田的稻鱼共生系统被联合国粮农组织列为全球重要农业文化遗产保护试点之一。

稻田养鱼不仅可以促进水稻增产、增加土地利用率、促进生态环境优化，增强抵御自然灾害能力，还可以增加农民收入。稻田养鱼在我国淡水养鱼业发展史上有着重要意义，也是世界养鱼史上的重要发明。

图 2-18-2　稻鱼共生邮票

三、养殖篇

1. 从竭泽而渔到放水养鱼
——古代养鱼技术

在我国古代，养鱼有着悠久的历史。我国地处亚温带和亚热带地区，水域辽阔，水产资源丰富，因此渔业生产史相当悠久。最早人类并不吃鱼，当人类学会用火之后，鱼类才成为原始人的主要食物。远古时期鱼类资源丰富，人们可以从水中捉鱼，或者用石块、木棒等击鱼。后来，随着生活的需要和捕鱼业的发展，人类创造了很多捕鱼的工具，捕鱼的方法就多了起来，如用鱼叉、弓箭刺杀，用系有石网坠的渔网围捕，或者用钩子垂钓等。

图 3-1-1 汉代渔筏画像砖（三星堆博物馆藏四川广汉文物）

图 3-1-2 绿釉陶鱼塘（汉代）

图 3-1-3 一网丰收鱼

图 3-1-4 网箱规模化养鱼
（马文贤 摄）

最初时，人工养鱼主要是通过对河水和湖泊中天然的鱼卵进行保护，后来经过逐步的发展，才慢慢转变为捕捞天然鱼苗在池塘中放养的方法。大约在商代便已开始人工养鱼。春秋时期，我国出现了第一部养鱼专著《养鱼经》，相传是越国大夫范蠡所著。

随着人工养鱼技术的不断发展，可以养殖的鱼类不断增加，《尔雅》记载有 33 种，《本草纲目》中记载有 60 种。到了汉代，大面积养鱼开始逐步出现，池塘养鱼和淡水养鱼也逐渐增多。稻田养鱼也是在这一时期出现的，这一方法不仅可以获得鱼产品，还可以利用鱼吃掉稻田中的害虫和杂草。

唐代，在稻田养鱼的基础上，我国人民创造出了利用养鱼进行开荒种植水稻的方法。养鱼创造的生态循环形成了肥沃的土壤，使得土壤更适宜水稻种植。经过不断地发展，我国逐渐形成了青、草、鲢、鳙等主要饲养鱼品种，这四种鱼也被称为"四大家鱼"。"四大家鱼"的养殖都有着较大的规模。在唐代时，由于"鲤"和"李"同音，犯了皇家的忌讳，官府开始禁止人们养、捕鲤鱼，并定为法律，鲤鱼养殖业因此受到很大挫折。

宋代，四大家鱼的养殖又获得了恢复。明代，养鱼技术有了很大提高，并由原来的单养过渡到混养，还发明了生态养鱼模式，即通过养鱼，创造粮、畜、桑、蚕、鱼相循环的生态农业系统。现在，我国有淡水鱼种 800 余种，养鱼成为我国传统农业文化的重要组成部分。

2. 野生鱼到观赏鱼的驯化
——金鱼的饲养

金鱼也称金鲫鱼或锦鱼，是由鲫鱼演变而来的观赏鱼类，在我国深受人们喜爱。我国是最早饲养金鱼的国家。北京天坛北的金鱼池，是从金元一直到明清民国饲养金鱼之地，在我国的金鱼饲养史上非常著名。1502 年，我国的金鱼饲养技术传入日本，又在 17 世纪传入欧洲。世界各国的金鱼都是直接或者间接从我国引种的。这是我国对世界的一大贡献。目前，世界上有很多国家都饲养金鱼，金鱼的品种非常多，总体可分为文种、草种、龙种、蛋种四类，色彩有红、橙、紫、蓝、墨、银白、五花等。

在我国史书中记载，最早的野生鲫鱼出现在晋朝，有位叫桓冲的人在庐山见到过赤鳞鱼，即红黄色金鲫鱼。自晋朝发现赤鳞鱼以后，不断有关于发现野生红黄色鲫鱼的记载，这一类鲫鱼生活在江河、池塘或泉水之中，当时还没有当作观赏鱼饲养。

隋唐以后，统治阶级有了养鱼观赏的习俗，开始从天然水体中，专门捞取色彩鲜艳的金鲫来饲养。如唐明皇就曾将洞庭鲫鱼放养到长安城东的景龙池。据史料记载，宋代吴越国刺史丁延赞，曾在嘉兴府月波楼下的水池中，

图 3-2-1　金　鱼

捕到过金鲫鱼，这一水池被后世称为金鱼池。宋代时，金鱼多在寺庙庭院中池养，寺庙既是游人驻足之地，又符合佛门行善的原则，金鲫受到人为的保护，是人类将野生鲫鱼培育成金鱼的重要里程碑。到了南宋，金鲫的饲养已基本进入家养阶段，饲养金鲫已经非常普遍，一

些士大夫竞相在家中造池饲养金鲫，并发展出了用鱼虫作饲料的方法。在人工保护条件下，金鲫逐渐出现了一些形态上的变异，野生金鲫越来越接近后来的家养金鱼。

明代，金鱼饲养技术有了很大的发展，养殖方式有了较大的变化，从池养逐步发展出了盆养和缸养，并发展到在室内摆设供人赏玩。这一转变降低了饲养成本，金鱼也因此进入寻常百姓家中。过年时家家都买几条金鱼供着，以求来年金玉满堂、年年有余，饲养方式的变化也使得养鱼爱好者开始出现。由于生活环境的改变，家养鱼在形体和器官方面不断变异，四叶尾的文鱼、眼球突出的龙睛金鱼在明代后期逐渐出现。清代末年，金鱼饲养盛极一时，饲养容器也进一步发展，出现了玻璃缸等透明器皿，给金鱼爱好者带来了更大的乐趣。

3. 水产科技史上的伟大创造
——人工育珠技术

珍珠自古以来就是富贵荣华的象征，被人们视为稀世珍宝。珍珠还是十分贵重的药材，具有安神定惊、清热解毒的作用，在消炎、杀菌、止血、生肌方面也有很好的功效。我国开采珍珠的历史悠久，人工养殖珍珠的时间也最早，珍珠生产享誉中外。唐宋以前，我国宫廷首饰所用的珍珠都是天然珍珠，直到宋代，人工育珠技术的出现，才使得在珠宝首饰中有淡水养殖珍珠可以选用。人工育珠技术，是我国水产科技史上的一项重大发明。

珍珠是产在珍珠贝、蚌类等软体动物体内，由内分泌作用而生成的含有机质的矿物球粒。当外界的细小异物进入到珍珠蚌体内，接触到蚌的外套膜时，外套膜受到刺激，便分泌珍珠质，将异物一层一层包裹起来，这就形成了珍珠。现代养殖珍珠就是根据此原理，运用插核技术将圆形珠植入蚌内，便形成了珍珠。

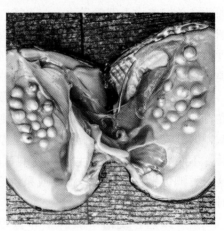

图 3-3-1 河蚌珍珠

我国开采珍珠的历史最早可以追溯到夏禹时期，距今已有 4 000 年的历史。《尚书·禹贡》记载，大禹治水时期，江浙产的蚌类珍珠就开始作为贡品，供奉给当时的统治者。春秋时期，《诗经》中也出现了关于珍珠的记载，还绘制有"天工开物采珠全图"。汉末三国时，诸葛亮用珍珠制成了"行军散"治病，起到了很好的医疗效果。

我国关于人工育珠技术的记载，最早出现在宋代庞元英所著的《文昌杂录》上，当时称为"养珠法"。养珠法的出现，表明当时人们已经发现向蚌内投入异物可以形成珍珠，这是我国从采集天然珍珠到培育人工珍珠的历史性转折。但这一时期的人工养珠法不够经济，养殖时间需跨越 2 年，因此没有得到大规模的推广。清代的养珠技术比前朝有了很大进步，最初使用碎珠和乌菱角壳煎熬成的膏状物做成珠丸，放到蚌腹中。发展到后来，养珠材料逐渐丰富，砗磲或蚌壳都可以作为原料。这种方法工序简单，缩短了育珠时间，经济效益也很好。我国的养珠业因此逐步进入商品性生产，当时的养珠方式与现代已基本相同。

17世纪中期，西欧著名生物学家林奈发现了养殖珍珠的方法，他所研究出的人工有柄珍珠目前存于瑞典林奈博物馆中。如果以《文昌杂录》所记载的年代算起，我国的人工培育技术产生的时间至少要比林奈早近700年。日本的御木本1893年改良了我国旧式的养殖方法，培育出了半圆形的附壳珠，并把珍珠养殖发展成为了一种产业。

我国的珍珠养殖历史悠久，但养殖技术曾经一度失传，直到1958年才重新开始了淡水培育珍珠的试验。我国在总结并传承历史经验的基础上，结合了国外的新技术来进行淡水培育的试验，取得了较大的成果。经过几十年的发展，我国的珍珠培育产业已经形成了较大的规模，目前已有包括浙江、江苏、广东、上海等在内的10多个省市开展了珍珠养殖，生产的珍珠总额占世界淡水珍珠产量的90％以上。

4. 训练有素的渔家宝
——鸬鹚捕鱼

鸬鹚（lúcí）是一种食鱼的水鸟，在南方俗称为水老鸦或鱼老鸦，在北方则习惯称之为鱼鹰。由于鸬鹚善于潜水捕鱼并且很容易驯化，因此渔民多驯养鸬鹚来帮助自己捕鱼。鸬鹚捕鱼是我国传承千年的古老技艺。

我国是最早将野生鸬鹚驯化用来捕鱼的国家。先秦时期的人们就发现鸬鹚善于潜水捕鱼。秦汉时期，人们开始驯养鸬鹚，这种方法捕鱼不仅量大，而且可以减少自己的工作强度。《尔雅》《异物志》等书中记载了居民养鸬鹚入水捕鱼相关的故事。隋唐时期，鸬鹚渔业达到了鼎盛，唐代诗人杜甫在四川写下了"家家养乌鬼，顿顿食黄鱼"的诗句，诗句中的乌鬼就是鸬鹚。明代徐芳氏《鸬鹚说》详细地描述了鸬鹚捕鱼的过程。

图 3-4-1 捕 鱼

图 3-4-2 鸬鹚捕鱼（一）

鸬鹚比较容易驯化，通常捕捉野生鸬鹚后饲养几天就可以进行训练了。训练的时候，先把绳子的一端系到鸬鹚的脚上，再把另一端系在岸边，等鸬鹚下水捕到鱼之后，训练的人嘴里会发出特定的声音唤其回来，并喂它小鱼作为奖励，然后再赶其下水。如此反复训练1个月左右，就会获得完全听人指挥的鸬鹚，人们在鸬鹚的颈上套一个环，这样鸬鹚捕到鱼之后，也只能吃掉一些小鱼而不能吃掉大鱼。经过这些步骤，渔民就会带训练得当的鸬鹚登船捕鱼。

驯养得当的鸬鹚，只要渔人一放开它们，便会一头扎进水里。不一会儿的功夫就会钻出水面，喉咙里塞满了鱼。它们平均每天的捕鱼量在15～25千克，但每天只需吃掉750克左右，所吃的重量远远少于捕获量。渔民亲切地把它们称为"渔家宝"，就像农民爱护牛一样爱护它们。经过特殊选育的鸬鹚，身价很高，大约是一头牛价格的2倍。

图 3-4-3　鸬鹚捕鱼（二）

中华人民共和国成立以后，因为实行了以粮为纲的政策，大部分的地区都以粮食生产为主，这就造成了家庭养殖业的衰落。同时，随着捕鱼技术的提高使捕鱼更为方便，不需要再依赖鸬鹚，这种有趣的捕鱼形式也就逐渐式微了。在今天，我国南方的一些地区还在沿用鸬鹚捕鱼，渔民将毛竹连结扎成竹筏，载鸬鹚行驶于河间，鸬鹚捕鱼成为一道亮丽的风景。

5. 酝酿大自然中最完美的营养食品
——人工养蜂技术

人工养蜂技术，是养殖技术中的一项重大发明。我国自古以来就有"蚕吐丝，蜂酿蜜"的说法。蜜蜂为取得食物不停地工作，白天采蜜、晚上酿蜜，同时替果树完成授粉任务，是农作物授粉的好帮手。蜂蜜营养丰富，含葡萄糖、果糖以及维生素等营养元素，具有滋养、润燥、解毒、美白养颜、润肠通便的功效，被誉为"大自然中最完美的营养食品"。我国是中华蜜蜂的发源地，先民从事养蜂业的历史相当悠久，积累了丰富的养蜂经验，重要的养蜂经验至今仍在沿用。

我们的祖先从渔猎时代开始就发现了蜜蜂的习性，他们从野生动物掠食蜜蜡中受到启发，学会了从树洞、岩穴中寻取蜂巢，索取蜜蜡、蜂子。《山海经·中次六经》中有"平逢之山，蜂蜜之庐"的记载，是现存最早的有关蜜蜂饲养的文献。从采摘野蜂巢发

图 3-5-1　养　蜂

展为"原洞养蜂",人工养蜂自此发端,最早有记载的人工养蜂业在战国中期至西汉初年。东汉时期人工饲养慢慢具备了一定的规模,人们砍下附近有野生蜂窝的树干,挂在屋墙下饲养,开始了蜜蜂移养。蜜蜂开始由野蜂向家蜂过渡。《神农本草经》记载了用蜂蜜作蜡烛的工艺,还提到了蜂蜜具有百药和除百病的功效。

公元 1 世纪初,文献记载了我国第一位养蜂专家——姜岐。据皇甫谧《高士传》记载,有位叫姜岐的人,"以畜蜂豕为事,教授者满天下,营业者三百人。民从而居之者数千家"。可见,当时传授养蜂技术已成为一门专门的学问。汉代已将蜂蜡用于蜡染,蜡染纺织品成为历代皇宫的贡品。到了晋代,养蜂已由移养发展为用原木仿制的天然蜂窝诱养蜜蜂,蜜蜂养殖开始逐渐向家养过渡。蜜蜂家养有着较多的方法,如西晋张华的《博物志》首次记载木桶养蜂法。唐代,人们将蜂窝与燕巢并列于柱梁,并配有果树蜜源,杜甫就曾用"柱穿蜂溜蜜,栈缺燕添巢"描写这一情景。韩鄂所著的《四时纂要》把"六月开蜜"列为农家事宜,这是现存最早的收编养蜂技术的农学著作。宋元时期蜜蜂的人工饲养越来越发达,家庭养蜂较为普遍,出现了专业养蜂场,在养蜂技术上,也发明了一些新方法,如用烟驱、蜜诱的方法吸引蜂群等。自明至清,养蜂业日趋昌盛,关于养蜂的记载也日益增多。1819 年郝懿行编著《蜂衙小记》十五则,对蜜蜂生物学特性、养蜂技术、养蜂经验等都作了记载,为我国第一本养蜂专著。清朝末期,我国饲养的中华蜜蜂约有 20 万群。这一时期,养蜂技术的发展,为后来引进西方蜜蜂和活框养蜂技术奠定了基础。今天,我国饲养的蜂群数量约 700 万群,蜂群饲养量和蜂产品产量均占世界第一位。

6. 杂交优势的成功运用
——家畜杂交技术

家畜杂交技术,也是我国农业史上的重要发明。现代科学认为,具有不同遗传性的个体杂交后,所产生的下一代,具有生长势强、发育快、活力提高等特点,这种优势就叫作杂交优势。我国动物杂交技术的发明比西方国家早 1 600 多年。

早在春秋时代,我国就已经有了杂交育种的记载,骡子就是运用杂交原理的典型例子。西周后期到战国末年,在新疆的阿拉沟鱼儿沟墓地里出土了骡骨,表明骡子杂交育种有着久远的历史。在英国剑桥大学,有一件青铜骡展品,据鉴定是我国战国时期的文物。远缘杂交这一技术,最早出现在《齐民要术》一书中。书中详细记载了如何恰当运用杂交技术选育具有优良性状的骡子:"以马覆驴,所生骡者,形容壮大,弥复胜马。

图 3-6-1　马(右)、驴(中)、骡(左)

然必选七八岁草驴，骨目正大者，母长则受驹，父大则子壮。"书中指出，公马与母驴杂交比较容易成功，且生出的骡子比马还壮。如用公驴和母马杂交则不容易成功。在选择公马和母驴时，也要注意亲本的选择，才能可以得到强壮的后代。明代《本草纲目》记载："牡马交驴而生者为'駃騠（juétí）'"，现在俗称"驴骡"，这种杂交品种体型大，用粗饲料就可以喂养，适应性及抗病力强。

古代的杂交技术还成功地实现了牦牛与黄牛的杂交，明代藏族人民用牦牛与黄牛杂交培育出的犏牛，在很大程度上结合了牦牛与黄牛的优点，性情温顺，肉味鲜美，产乳量高，驮运挽犁能力强，对于气候变化有很好的适应性。我国古代人民还发明了家养蚕的杂交技术，是我国古代农业生产的又一重大成就。明代宋应星《天工开物·乃服》记载："今寒家有将早雄配晚雌者，幻出嘉种，一异也。"这是世界上最早关于家养蚕杂交记载。早雄即一年繁殖一代的雄蚕蛾，晚雌即两年繁殖一代的雌蚕蛾，他们通过杂交产生出的杂交种，被宋应星称为"嘉种"。利用这种方法，能够制造出体质强健、抗逆性抗病力强、结茧率高等的家养蚕，为农民带来了很好的经济收益。直到今天，这种方法在蚕业生产上仍然有着广泛的应用。

7. 繁育技术的经验之谈
——选种

在古代养殖技术中，已经注意到了选种的重要地位。利用选优去劣的人工选择和因地制宜的选择法，能够挑选到优秀的个体用于繁殖后代。从家喻户晓的伯乐相马的故事中，我们可以推断出，春秋战国我国就开始了人工选马。在南北朝时期，我国古代畜禽繁育的选种技术已经领先于世界。

北魏时期，《齐民要术》中总结了古代牛、马、羊、猪、鸡、鸭、鹅的选种，为后世提供了宝贵的经验。《齐民要术》中总结了一种选育母畜的简便方法，那就是到市场购买即将生产的马、牛、羊、猪等母畜，这些母畜生下仔畜后，细心观察喂乳期间仔畜长得好坏，就可以对母畜进行选择，存优去劣，好的留种，劣的淘汰卖掉。对于羔羊的选择，《齐民要术》提出："常留腊月、正月生羔为种者上，十一月、二月生者次之"，提出了母羊怀胎月份对羔羊品质的影响。至今，在我国的牧区，仍选留冬羔作种，足以证明《齐民要术》总结的选种经验经得起实践的考验。

图 3-7-1 汉代陶子母猪

唐代，选种经验又有了进步，这一时

图 3-7-2　良种猪

期，对外马匹贸易发达，从境外引进了大量品质优良的马匹。唐初，唐太宗、唐高宗都曾多次派人到境外采购马匹。引进的良马，对我国马种改良产生了深远的影响，在马匹的良育方面也积累了更多的经验，《酉阳杂俎》谈到种马的选留，年龄的标准是"十三岁以下可以留种"，体型的标准是"戎马八尺，田马七尺，驽马六尺"。这些优良马中，除了少数的优异品种供皇室赏玩外，大多数是用来进行良种繁殖的。在唐代除了注重马种的引进改良，也很注重优良羊种和猪种的培育，所育成的优良羊种，首推同州羊，这种羊毛质细柔、羔皮洁白、花穗美观，肉质肥嫩，有很高的经济价值。

我国古代在选种上的成就也受到外国科学家的高度重视。达尔文《物种起源》中提到："我看到一部中国古代的百科全书，清楚地记载着选择原理。"有人考证，达尔文所说的中国古代的百科全书，指的就是北魏贾思勰著的《齐民要术》。

8. 家禽养殖业的效率革新
——人工孵化技术

人工孵化技术是我国家禽养殖业的重要突破。人工孵化是根据母鸡抱蛋的原理，用人工的方法，给种蛋胚胎发育创造适宜的条件，这样就可以孵出小鸡。我国家禽孵化的历史极其悠久，早在 2 000 多年前，我国古代人民就掌握了家禽人工孵化的技术，我国是世界上较早发明家禽人工孵化技术的国家。这一技术的发明，对于家禽业生产效率的提高有很大的帮助。

最早被家化的禽类是鸡，家化后的鸡有很好的就巢性，很容易实施人工孵化技术。最早的家禽孵化技术就是家养鸡的自孵。据先秦文献《夏小正》："正月，鸡桴粥"，先秦时代的古人认为，正月是鸡孵化的最佳季节。汉代时，已出现将鸭蛋由母鸡代孵的寄孵技术，北宋著名诗人梅尧臣的"喜荷鸡抱持，托以鸡窠暖"说的就是这一技术。宋代时出现了家禽的人工孵化，《尔雅翼》一书中记载"以牛矢妪而出之"，就是通过牛粪发酵所产生的热能进行孵化。这种方法可以

图 3-8-1　人工孵化小鸡

不分季节使用，可以很好地提高雏禽孵化的成功率，是最早的人工孵化间接加温方法。后来，炒谷、炒麦等方法也在人工孵化中得到应用。随着孵化经验的积累，自宋代以来，各类孵化方法越来越丰富，还出现了坑孵、缸孵和桶孵等较大规模的孵化方法。到明清时，人工孵化技术已相当普及，并发展成专业化行业，出现了"哺坊"，专门从事人工孵化，进行商品化生产。哺坊的出现是我国传统孵化技术成熟的标志。清代黄百家所著的《哺记》，是我国最早的家禽人工孵化的专著，《哺记》记载了鸭蛋人工缸孵的经验，尤其是照蛋法，这种方法是在暗室壁上开凿空洞放置种蛋，利用阳光照射实现加温，观察胚胎发育的情况，并根据观察的状况调整光照温度。这一方法开创了家禽人工孵化的看胎施温技术。嘌蛋法也是一种有趣的孵化方法，清代罗天尺的《五山志林·火焙鸭》记录到，嘌蛋就是根据运输距离的远近，估算好天数，然后确定每批蛋的起运时间。这样种蛋在运输路上加温，到达目的地后，雏蛋刚好破壳而出，可以立即出售。这种方法比运输雏禽要简单安全得多，显示了明清时代我国家禽人工孵化已经有很高超的技术。

从历代人工孵化技术的发展来看，我国人工孵化技术设备简单。不用温度调节设备，也不需要温度计，却能保持比较稳定的温度，成本很低，能够用于大规模孵化，为世界各国家禽孵化技术提供了珍贵的经验。

9. 畜牧养殖市场化的进步
——催肥术

我国在畜牧业的发展过程中，还出现了牲畜催肥技术。催肥术就是采用精细饲料加圈养，人工增加喂饲次数，减少家禽家畜的运动机会，促使禽畜生长更多脂肪，这样在禽畜宰杀后，其肉质更加肥美，有效地提高了畜禽的出肉率。催肥术最早在北魏贾思勰的《齐民要术》中就有记载，是我国古代禽畜饲养商品化的表现。

在猪的快速育肥上，汉代发明了"麻盐肥猪法"，麻子含油量很高，猪很容易吸收油脂，从而生长得更加肥硕。到了宋代，社会经济日趋发达，朝廷祭祀及人民生活对肥嫩细美的肉类需求增大，畜禽催肥技术也日趋成熟。宋元时期，我国人民又发明了栈禽育肥法，即把家禽圈起来密集喂养而不进行室外活动的催肥方法。如栈鸭法，鸭在孵出后60～70日就开始填肥，每天给2次肥育饲料。在肥育期间，不在舍外放饲，同时在肥育舍的窗格子上挂上布帘，把屋子弄成半明半暗。用高粱粉、黑麸等调制成条状填

图 3-9-1　汉代陶猪圈

料，强制填入鸭胃，逐日递增填料分量，这样鸭子在肥育期的 2～4 周间，就可增加体重 2～3 千克，肥育完成，可增重到 4.5～5 千克，肉味特别鲜美。北京烤鸭闻名中外，它的奥妙在于使用了催肥法培育的北京鸭。北京烤鸭最早是为皇宫提供，有人说，当时卖鸭人为了增加鸭子的重量事先给北京鸭大量填食。因为是卖给宫里，所以也不敢填糠、泥土、细石子、石膏水之类，只填稻米。太监将这种鸭子买回去，数日后宰杀烹饪，竟然大受欢迎。这一故事也侧面证实了经过人工填食的鸭子，能够快速增肥，味道鲜美。

《农政全书》还介绍了药物肥猪法，这种方法用"贯仲三斤，苍术四两，黄豆一斗，芝麻一升，各炒熟共为末，饵之，十二日则肥"。书中指出将猪圈分成若干小猪圈，每个小猪圈内放一头猪，使其运动量减少，也可以达到催肥的效果。

催肥术中另一常用的方法就是对家禽的阉割，至今仍在许多地区使用。借助这一技术，雄性动物可以减少在性活动方面的无效消耗。"栈羊"用的羊为羯羊，即阉后的公羊。肥猪法的对象为公猪时，也要经过阉割的处理。禽类如鹅、鸡等去尾部臛毛，也是为了降低这类动物尾部性囊中性激素的分泌量。采用这些措施是为了降低它们在性方面的兴奋度，保证动物把进食能量都转化为肥膘。

10. 兽医科学发展史上的伟大创举
——去势术

去势术也是优良育种中普遍应用的一种方法，去势也称阉割术，是摘除家畜主要生殖器官的外科手术。在古代广泛用于马、牛、羊、猪和鸡的育肥和优选。公畜去势后，性情变温驯，不再互相踢啮争斗，能使役用年限延长，肉用畜的肉质变得肥嫩细香，毛质细软；雌性去势手术又名卵巢摘除手术，民间称为"挑花术"，广泛施用于母猪、母狗和母猫等，这一技术可以避免劣种传代，有利于选优汰劣、培育优良畜种。我国在禽畜阉割术的使用方面也领先于其他国家。

图 3-10-1　河南方城汉代阉牛画像

早在夏商时期，阉割家畜的技术已经出现，在殷墟中，有一象形文字，左边为雄性生殖器，右侧为一刀，形象地表示了用刀割除的含义，可以推测这一时期去势技术已经发明。到了西周，《易经》记载"豮豕（fénshǐ）之牙吉"，意思是说阉割了的猪，性格就变得驯顺，虽有犀利的牙，也不足为害。《周礼·夏宫》记载：政府每年早春下达"执驹"令，而在夏天则对不能做种的公马定期去势。先秦时期去势主要采用火骟法，这种方法是在阴囊划口挤出睾丸，用烧红的烙铁烙断精索和血管。到了汉代，去势术应用普遍，技术上也改进为"水骟法"，即以冷水冲阴囊，并将睾丸上的精索与血管分离开，用刀切断精索。手术实施时，快刀操作，采用拇、食二指压住断开血管，可使手术时少出血，伤口愈合快。楚汉相争时，由于军中的马匹多患热症，韩信曾用水骟法来给马匹去势。河南方城汉墓曾出土一副画像石，石上刻有"拒龙阉牛图"，图中一人在前牵引牛向前走，一人在牛后给牛去势，这一图画演示的则是去势术中的"走割法"（走骟），走割法比站立姿式（立骟）对技术的要求更高。北魏《齐民要术》记载，小猪生下第三天便"掐尾"，60天后便阉割。小羊出生后10多天，也要进行无血去势术，这样不但能预防破伤风的感染，也能提高出肉率。到了明代，除了各种雄性家畜家禽要去势之外，母畜也开始摘除卵巢。到了现代，动物的去势术逐渐向安全无痛发展，马、牛、大公猪、犬、猫等的去势多采用结扎法，用手术缝线扎紧睾丸上方的动静脉血管，然后用刀切断精索和血管、摘下睾丸，麻醉的应用使得去势术对动物而言痛苦更少。

11. 家畜外形学的高度总结
——相畜术

相畜术，是我国古代一种独特的优选动物方法。这种方法通过观察家畜的外部形态、体质情况、部位比例等来判断其生产性能，对牲畜的好坏及具体的评价标准主要是从生产实践中总结出来的，古人将之称为相畜术。

我国的相畜术最早可以追溯到夏商时期，殷商卜辞中多次记载，占卜时根据不同的目的要选用不同颜色毛色的牲畜。表明我国很早就开始注重对家畜外型的观察。春秋战国时期，由于诸侯之间战争频繁，军马需求与日俱增，同时也迫切要求改善军马的质量，要求优良畜种，相马术在优选军马方面有很大用处。这一时期，生产工具和生产力迅速变革，耕牛和铁犁投入生产，工具的使用使得人们希望能有更得力的耕畜帮助农耕。因此，民间对相畜术也有很高的需求。

春秋战国时代是相畜术发展的黄金时期，出现了很多著名的相畜学家。我国历史上最有名的相马专家孙阳，人称伯乐，他总结了很多相马家的经验，结合自己的体会写成了《相马经》一书，奠定了我国相畜学说的基础。至今"先有伯乐，后有千里马"的故事仍广为流传。但可惜的是，这本著作在历史中渐渐散失了。同期另一著名的相畜学家是卫国的宁戚，相传他著有《相牛经》，其相牛的宝贵经验一直在民间流传，对后来牛种的改良，起了很大的作用。先秦时期还有一本《六畜相法》的著作，也是对我国古代家畜选育技术的重要总结。

汉代的马援，是当时著名的相马专家，他有多年的从军养马经验，马援根据自己的经验总结，制成了高3尺5寸，围4尺4寸的铜马，为优选军马设立了模型，这一模型当时在洛阳宫中。后世将其模型选马法称之为铜马法，铜马为相畜术建立了形体模型，使得相马更加易于掌握和操作，是我国当时在畜牧兽医学上的一大成就，在西方此类铜制良马模型在18世纪才出现。魏晋南北朝时期，相畜术得到了进一步的发展，《齐民要术》也记载有大量相畜方面的内容，包括相牛、相马、相羊、相鸡、相鸭等，相畜方法也有较大进步。其中相马法所占篇幅最大，主要介绍了相马的重要鉴定部位、鉴定次序和良马各部位的特点。书中提出利用口色鉴定马的健康状况，如口色要有红有白，红的要像火一样，这说明马的气血足，身体健康。我国在家畜外形鉴定学上的成就领先于世界。古代的相畜术对于后世家畜品质的提高，起了很大的作用，至今仍在广大农村沿用。

12. 简单经济的兽医治疗方法
——兽医针灸术

　　我国针灸术在动物医治中的应用，是我国兽医学的重大进展。针灸术是由"针"和"灸"两种治法组成的。由于针和灸常配合使用，所以合称针灸。

　　针灸术的形成和发展经历了一个漫长的历史时期。针灸最早主要是刺血放血的一种治疗方式，最初采用的工具叫"砭石"，是一种打磨的石针，后来也有骨头制成的骨针用于刺疮放血，这便是针术的萌芽。我国古籍《山海经》中说："有石如玉，可以为针"，这是关于医用石针较早的记载。当冶金术发明之后，各种金属材质的针刺用具逐渐出现，针术的应用有了较大的进步。而灸法则主要得益于人们对火的运用，自人们学会了人工取火以来，逐渐发现身体的某一部位受到火的烤灼，会感到舒适或减轻病痛。经反复实践，最终选择易于点燃，火力温和，具有温通作用的艾作为施灸的原料，灸术由此而形成。

图 3-12-1　马援铜马式

图 3-12-2　北魏时期治疗马呼吸阻塞示意图

　　我国把针灸技术应用于兽医也有很久远的历史，兽医针灸术是我国传统兽医学独特的治疗技术之一，是古人保护家畜，治疗畜禽疾病的有利武器。公元前10世纪，我国已有了关于针灸治疗兽病的记载。秦穆公时期，著名的相马和兽医专家孙阳（人称伯乐）是我国第一个兽医针灸专家，他通晓马的穴位，巧治各种疾病。此后广为流传的《伯乐针经》《伯乐明堂论》等，都是托他的名义出的专著，可见人们对他的尊敬。西汉刘向著的《列仙传》曾提到，马师皇用"针其唇下及口中，以甘草汤饮之而愈"，这一记载表明兽医治疗中运用针灸至少有着 2 000 多年的历史。到了唐代，我国传统的兽医针灸技术逐渐形成了完整的学术体系。兽医专著《马经孔穴图》也是这一时期的著作。唐代，针灸医术进步较快，出现了大批专业的针灸医师，兽医针灸技术也获得了很大发展，明代的《元亨疗马集》一书，详细记载了马、牛的针灸术，是古代用针灸治疗畜病的重要经验总结。清代民间兽医傅述凤著的《养耕集》，是一部专论牛病的书，特别重视医牛针术，列有牛穴针法全图，详细说明了牛的针灸取穴部位、施术方法、注意事项等。

我国的针灸术较为发达，对世界的医疗技术也有很大的影响。公元 5 世纪我国的针灸术流传到国外，现在在世界的兽医治疗领域仍然有广泛的应用，对于畜养牲畜的健康起到了重要的保障作用。

13. 提高用马效能的伟大发明
——蹄铁术

"马掌"是在马等牲口的蹄上装钉的铁制蹄形物。钉马蹄铁主要是为了减少对马蹄的磨损，提高其工作效率，矫正肢势，防止蹄病。从考古资料来看，中国东北地区在高句丽王朝时期就已广泛使用蹄铁，6～13 世纪蹄铁已在中原地区周边的山地、戈壁、高原等区域广泛使用。

马匹的护蹄技术主要是从汉代开始逐步出现的。在汉以前，秦朝时期出土文物的马俑，如秦始皇陵的兵马俑的马以及南北朝时期出土的陶马，其蹄部还显得较粗糙。但汉代时，文字记载中已经开始有马匹的护蹄技术出现。汉昭帝时期《盐铁论》中，就有关于马的护蹄的记载，其中"革鞋"就是用皮革制的马鞋，是我国史书上首先出现的护蹄技术。北魏之后，修蹄技术日趋完善，北魏《齐民要术》中提出"削蹄治蹄漏"，可见修蹄技术和修蹄工具在这一阶段已经产生。唐

图 3-13-1　钉马蹄铁

代时，护蹄技术已经普遍应用，唐时流传下来的《百马图》和昭陵六骏中的马匹，马蹄都是明显经过修整的。

明代以前的马匹护蹄技术主要运用皮革等材质。明代时，铁质的马匹护蹄技术及马蹄铁开始出现。明代《增补文献考·经籍志》记载：过去没有蹄铁，用编葛护蹄。在战争中，冰

冻冻伤了马蹄，使军队的前进受到了影响，当时一名名叫尹弼商的军士，用铁片制成圆的马蹄形，分两股钉在马蹄上，头尖尾大，在冰上行走可防滑。这一记载是马蹄铁技术的雏形。此后，人们在冬夏两季会给马装上马蹄铁，这样远行时马蹄就不容易受伤。

西方蹄铁的前身是用皮带或草带捆绑在牲畜蹄上的马鞋，根据文献记载和考古发现，凯尔特人常使用的马鞋没有蹄钉，只用捆绑的方式加以固定，又称为"马凉鞋"，多为锻铁制成，底部铁片包裹住整个马蹄，有时底部有一个直径数厘米的圆孔，前后各有铁环或铁钩以方便系绳固定。牲畜在行走时，蹄的前部中央受力最大，蹄铁的这一部分最易因磨损而折断，因此只在这里用钉子固定，显然不能起到最好的效果。因此蹄铁逐渐固定为现代常见的"U"形，蹄钉分列于左右两边。在罗马时期，带钉的蹄铁与早期的马凉鞋应当是并存了一段时间，由于钉掌较马鞋更加牢固耐用，它逐渐取得了技术竞争中的优势。

马蹄铁原先单纯在农牧及驿马中使用，随着马匹应用范围的扩大，马术比赛中也开始应用马蹄铁。蹄铁要大小适宜，并予以热处理或冷处理，力求符合削修的蹄形，然后打钉固定。马蹄铁的具体种类很多，按用途可分为：普通蹄铁、冰上蹄铁、变形蹄铁、特种蹄铁。一般4～5周改装一次。安装蹄铁时，需要先除去旧蹄铁，然后根据马匹的体形、肢势、蹄形、角度等进行调整，有时还需要根据需要进行削蹄。马蹄铁这一技术的应用在很大程度上保护了马蹄不受外伤，避免了马匹的腿部变形，对于保护马匹的健康，延长马匹的寿命有着很大的帮助。

四、女织篇

1. 养天虫以吐经纶，始衣裳而福万民
——嫘祖

在中国，从古至今流传着很多中华文明起源的神话传说，更有黄帝、炎帝等华夏文明始祖的故事广为流传，可谓影响深远。其中黄帝的妃子——嫘祖（léizǔ）被誉为蚕丝业的先祖，养蚕制衣的发明者。与炎帝、黄帝同被奉为人文始祖和华夏文明的奠基人。

传说华夏部落联盟首领黄帝在种植五谷、修建房屋、发明水井、实行田亩等方面取得了巨大的功绩，而嫘祖则带领妇女们上山剥取树皮，织麻结网，剥取狩猎而来的野兽皮毛，制成可供人们穿戴的衣冠。一次偶然的机会，她们在茂密的桑树林里发现了一种白色的"果子"，咬不动，嚼不烂，但被唾液浸湿后，表面的胶质可以被溶解，而且还能够牵扯出连续不断的丝状物，韧性竟然比蜘蛛丝还结实。这一现象引起了嫘祖极大的兴趣，仔细观察后她发现这并不是真正的果实，而是一种以桑叶为食的虫子，用吐出的丝结成白色的茧壳，把自己包裹在里面，这些野蚕吐丝结茧的现象就这样被人们发现了。受到蜘蛛网的启发，嫘祖尝试了各种办法收集蚕丝，她先是把蚕茧收集起来用热水煮，蚕茧表面的胶质溶解后凝结的丝状物会松散，再用树枝搅动就可以捞出蚕茧的丝头，然后仔细地牵扯缠绕就能取得连续不断、柔韧的蚕丝了，这就是原始缫丝技术的起源。同时受到结绳织网的启发，嫘祖又进一步尝试将蚕丝织成了丝帛，并用丝帛制成了轻柔的丝衣，这种丝衣柔软而舒适，远非用树皮、兽皮和葛麻织成的服装可比。由于这一重大发现，黄帝下令保护桑树，教民大规模植桑，收集野蚕和蚕丝，并进一步将其饲养驯化

为家蚕，由此开创了我国植桑养蚕、制丝织丝的历史，从而开启了华夏几千年的丝绸文化历史。有了嫘祖的辅佐，"黄帝垂而天下治"开创了泱泱五千年华夏文明的先河，也奠定了以农桑生产为立国的根本。后世为了感念嫘祖"养天虫以吐经纶，始衣裳而福万民"的功德，将她奉为"先蚕"，即民间的"蚕神"。历代被供奉和敬仰，祭祀蚕神也成为由古至今桑蚕业发达地区的重要民俗活动和非物质文化遗产。

图 4-1-1　嫘祖始蚕
（韵文江　绘图）

"嫘祖始蚕"尽管只是一个神话传说，但也从另一个侧面反映了远古先民们在与大自然相容共处的过程中，是如何运用聪明和智慧，将大自然给予人类的馈赠加以利用，转化为人类史上最伟大的发明和创造。由此谱写了中国几千年的桑蚕丝绸历史，为世界纺织史添写了浓墨重彩的辉煌篇章。

2. 从野蚕到家蚕

——蚕的驯化

　　早期世界上很多国家也曾发现过野蚕，但将野蚕驯化成家蚕，并将这种桑树的害虫培育驯化成可以织丝成帛的小小精灵，却是中华古老民族智慧的结晶。

　　早在 7 000 多年前，人类就在自然界中发现了野蚕吐丝结成的茧，可是最早蚕茧是用来被食用的。著名考古学家李济 1926 年在山西夏县西阴村仰韶文化遗址中发现了半枚蚕茧化石，上面明显有利刃切割的痕迹。这一发现证明了远古时期的先民曾用石刀和骨刀切割蚕茧，取食蚕蛹来充饥的事实。后来，人们开始收集野外蚕茧，经过原始的缫丝技术来制取蚕丝，同时也开始有意识地收集野蚕，人工选取体形较大和齐整的蚕子进行人工培育。

图 4-2-1　半个茧壳

　　蜀国王蚕丛据说是个名副其实的养蚕专家，是他首次将野外生存的野蚕收集起来人工饲养，将野蚕驯化成了家蚕。起初在收集蚕子进行孵化饲养时是用有盖的陶器做盛放蚕子的容器，结果导致蚕子被闷死。后来改用当地产的竹子做成了细眼竹筐，不仅具有良好的透气性，又便于排除粪沙，大大提高了蚕子的成活率。除了容器的问题，人们在孵化饲养的过程中还逐渐摸索和解决了蚕蛾的交配、蚕卵的收集和保存，蚕卵孵化过程中出现的种种问题。这才有了后来历代在此基础上不断改进和完善的蚕种饲养技术。

　　科学研究表明，自然界生存的古代野蚕中有一些体型较大，行动缓慢，很容易接受人工饲养和管理，在长期摸索蚕的习性和产卵关系的过程中，人们逐渐掌握了如何人工选择幼蚕良种，并在饲养过程中加强体型、齐整发育，增加产卵量等，使得蚕种不断得以进化和改良，以保证出丝的质量和数量，这部分突变后的野蚕经过人工选择和培育，不断进化，变成人工饲养和管理的家蚕。

3. 从野桑到湖桑

——桑树的培育

　　桑树在我国是一个极其古老的树种，浙江新昌就有一棵一亿多年的古桑树木化石，今天在我国的许多地方还能看到上千年树龄的桑树。古人云"桑之利民与菽粟",古人对这个历经沧海桑田的古老树种有如此高的评价,不仅是因为在饥荒年代桑葚在一定程度上替代了粮食起到果腹的作用,也不仅是因为它有一定的药用价值,最重要的一点是因为千百年来人们以桑叶养蚕来制丝取丝,织丝成帛,并在漫长的历史发展进程中不断改良品种,以适应桑蚕业的发展,可以说桑树对我国桑蚕丝绸文化的发展起到了无可替代的作用,为人类文明史做出了巨大的贡献。

如同养蚕起源的传说一样,关于桑树的典故也有很多。传说桑树起初被叫作扶桑。《山海经》(《海外东经》)中就有关于扶桑的描述。1986年四川广汉三星堆遗址2号祭祀坑出土的商代晚期的青铜神树,外观和《山海经》中所描述的神树非常近似,极为罕见。

关于桑蚕丝绸的考古研究认为,古代中原地带分布着茂密的野桑林,为野外生长的野蚕提供食物,当远古先民们偶尔发现野蚕吐丝的现象,从而利用蚕丝做衣物,驯化培

图 4-3-1　夏津古桑

育野蚕开始出现,为了栽桑以招养蚕种,人们开始有意识地种植桑树,由此开启了我国几千年的桑树栽培历史。

在出土的3 000多年前的甲骨文上,我们还隐约可以辨认出桑和蚕等象形文字和大量桑林祭祀的图案,以及很多青铜器上采桑的图案都可以印证当时已经有大规模桑林营造的史实,当时的桑蚕生产已有相当规模,人工栽培桑树也已非常普遍了。以后历代统治者对桑树的种植也极为重视,均有对桑树的维护和禁止滥砍滥伐的严格规定。此外,我国古代的桑农很早就已经了解到养蚕的收成与桑树的优劣与否和产量的关系极其密切,因而历代的桑农在桑树的栽培和品种的选育上也各有独到之处,形成了适应不同地理环境和自然条件的地方品种。北魏贾思勰所著的《齐民要术》"种桑柘"篇中,就专门记载了当时已有的桑树品种,有女桑、檿(bò)桑、荆桑、地桑、鲁桑等;唐代时期又有了白桑、鸡桑、胡桑、黄桑等;宋代时桑树的品种更多。其中不乏优质和丰产的桑树品种,例如春秋战国时期就已经出现的,分布在今天山东地区的鲁桑。南宋时期,鲁桑传入太湖流域,经过人工选种和与当地土桑嫁接,形成以湖州为中心的太湖流域的一个优良品种——湖桑,湖桑具备叶大多汁,宜蚕

图 4-3-2　战国采桑图

优丝的优点,众多的古籍中对此多有描述,例如包世臣《齐民四术》中有:"鲁桑又名湖桑,叶厚大而疏,多津液,少椹,饲蚕,蚕大,得丝多"的描述;卫杰《蚕桑萃编》中也有"湖桑工夫最细,养条渐成极品"的说法,被称之为天下最优之桑,可见湖桑是养蚕上好的饲料。《蚕桑捷效书》中也有关于"桑以湖州产为佳,有青皮、黄皮、紫皮三种……惟紫皮

最佳"之类的描述。可见几千年来不断开发和改良的桑树品种又为优良蚕种的培育，优质蚕丝的获得提供了可能性。纵观人类桑蚕丝绸文化史，桑树栽培种植技术的发展始终是与养蚕技术和丝绸织造技术相伴发展的。

在漫长的桑蚕生产发展中，人们在桑树繁殖、桑树品种、桑苗移栽和树型的养成、桑树间种、桑园管理和病虫害的防治方面都有了一整套完善和独到的技术，而那些古老的经验和方法至今仍然发挥着不可替代的作用，已成为人类历史上宝贵的精神财富。

4. 春蚕到死丝方尽
——蚕的一生

蚕没有蝴蝶那般曼妙的舞姿，也没有秋蝉那样悦耳的歌声，外观看起来并不起眼。但使之与众不同的是它只食桑叶，却可以吐丝结茧，穷其一生，将柔韧顺滑的蚕丝无私地馈赠给人类。蚕经驯化后在室内饲养，故称家蚕。从此，绵延不绝的蚕丝织出了我国几千年的丝绸史诗。

古罗马人认为蚕丝是树上长出来的，《博物志》中说：赛里斯国"其林产丝，驰名宇内。丝生于树叶上……"赛里斯国（Seres）指的就是中国，意思是丝国，即产丝的国家。古希腊人认为蚕丝是从树林中生长出来的，马赛里努斯的《史记》中说："林中有毛，其人勤加灌溉，梳理出之，成精细丝线。"唐朝李商隐诗中所咏"春蚕到死丝方尽"更是给蚕的化茧成蛾增添了浪漫主义的注释。然而，从科学的角度来看蚕宝宝的一生，会让我们更加清楚地认识蚕是怎样从米粒大小的蚕卵蜕变成蚕蚁、幼蚕、熟蚕（也叫老蚕）、蚕蛹，最后破蛹成蛾的。

刚刚孵化出来的蚕宝宝黑黑的像蚂蚁一样，故而被叫作蚁蚕，身上还长着细毛，两三天后就会慢慢褪去。这时候的蚕宝宝会大量进食桑叶，随之身体慢慢变成白色，之后开始蜕皮。蜕皮时约有一天的时间，蚕宝宝会不吃也不动，如"休眠"一般。蚕宝宝在可以吐丝前一般来说要蜕四次皮，每蜕一次就意味着增加了一岁，也叫一龄，经过 4 次蜕皮，成为五龄的幼虫就开始吐丝结茧了。一般来说，一头蚕要花费将近 3 天的时间，连续吐出 1 000

图 4-4-1 养 蚕

多米的长丝，才能结成一个蚕茧，并在茧中进行最后一次蜕皮，成为蛹。10 天后，蚕宝宝羽化成为蚕蛾，破茧而出。出茧后，雌蛾尾部发出一种气味引诱雄蛾来交尾，交尾后雄蛾即死亡，雌蛾约花一个晚上可产下约 500 个蚕卵，然后就会慢慢死去。

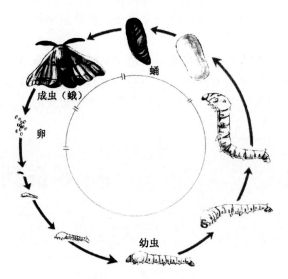

图 4-4-2　家蚕的一生

蚕吐丝结茧主要是为了适应环境而产生的生存本能。作为一种完全变态的昆虫，蚕的生命极其脆弱。将自己包裹在茧壳中是为了躲避天敌而保护自己，在蚕茧里变成蚕蛹，最终羽化成蚕蛾。而蚕之所以能够吐丝结茧是因为蚕体内有着丝腺器官。吐丝结茧实际上是一种自我保护的行为。幼蚕在食下大量桑叶后会消化吸收桑叶中的营养成分。蚕体内的丝腺就会吸收储存桑叶中的各种氨基酸。氨基酸过多会使蚕体中毒。因此，就进化出了这种把氨基酸组成丝腺的蛋白质并吐丝结茧的行为，所以说蚕吐丝实际上是为了排解氨基酸而达到解毒的目的。

5. 日南蚕八熟
——八辈蚕的催青技术

公元 4 世纪，东晋刘宋时代的郑辑之在《永嘉郡记》中曾经提到过关于"永嘉八辈蚕"的趣闻，因被北魏贾思勰《齐民要术》引用而保留了下来。

八辈蚕，顾名思义，就是一年能养八批蚕，蚖（yuán）珍蚕，三月做茧。第二批养柘蚕，四月初做茧。第三批养蚖蚕，四月底做茧。第四批养爱珍蚕，五月结茧。第五批养爱蚕，六月底结茧。第六批养寒珍蚕，七月底结茧。第七批养四出蚕，九月初做茧。第八批养寒蚕，十月做茧。

八辈蚕中，除了柘蚕外，其他七批蚕都是二化性春用种的直接或间接后代。那么正常情况下只能养两次的二化性蚕种，是如何做到连续养 7 个批次呢？这就是这段趣闻的关键所在，在《永嘉郡记》中有着明确的记载，即将蚕卵放在小口颈的酒坛内，并将坛口盖好，放

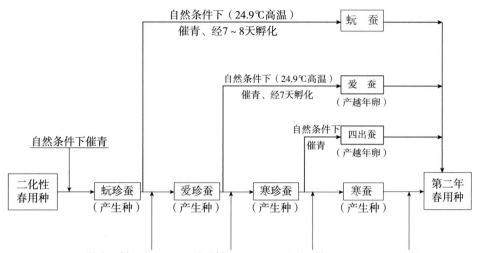

图 4-5-1　永嘉八辈蚕催青示意图

在溪流、泉水或冷水中，保持坛外水面的高低恰好与坛内最上层的那张种相平，用低温抑制卵的孵化，从而将卵的孵化延迟 21 天。根据文献记载，蚝珍蚕 3 月做茧，产的卵要经过 7～8 天便自然孵化为蚕蚁，这就是蚝蚕，而如果采用上述的低温催青技术则可以将卵的孵化延迟 21 天，这样孵出的蚕蚁就是"爱珍"，爱珍蚕产的卵 7 天后自然孵化出的蚕，就是"爱蚕"。（爱珍蚕产的卵）经过低温抑制，21 天后孵化为寒珍蚕；寒珍蚕在自然条件下产的卵就是四出蚕，经过冷藏延期孵化而成的是寒蚕。因为寒蚕结茧是在冬天，所产卵的孵化就要待翌年春天了。可见，八辈蚕就是采用低温催青技术不断获得不越年的蚕种来实现一年养 8 批蚕。而养蚝珍蚕、爱珍蚕、寒珍蚕的主要目的也是为了制种，所以有"养珍者少养之"的说法。

在千百年的家蚕繁育过程中，通过一代代人工选择产丝更多、丝质更好、滞育性强的后代留种，家蚕的化性由远古时代的多化性逐渐变成了二化性以至一化性。当时永嘉地区所养的是二化性蚕种，一年中第一次产卵后，卵在自然状况下经过 7～8 天便能孵化出第二代蚕，这种幼蚕尽管能结茧，成蛾，产卵，但卵却不能再次孵化，必须等到

图 4-5-2　低温催青图

第二年才可以。在长期的生产实践中，当地的蚕农逐渐总结出了采用低温催青技术来改变蚕的化性，不断获得不越年蚕种，来实现一年养八批蚕。这种以低温催青改变家蚕化性以不断获取不越年卵的方法，既解决了多次养蚕的蚕种来源问题，又最大限度地实现了蚕丝生产的最佳效益。这就是永嘉八辈蚕奥秘所在，是我国蚕业史上人为控制滞育（即低温催青产不越年生种）的最早记录。

6. "养蚕不满百，那得罗绣襦"
——养蚕二十四事

　　轻柔顺滑、清雅华美的丝绸服饰广受人们的青睐，一枚枚小小的蚕子终其一生为人类奉献的蚕丝，要经过育蚕、养蚕、制丝、织丝等环节才能呈现最终的丝绸制品。养蚕二十四事是我国传统养蚕织丝所有生产工序的集大成。每个环节都有劳动人民千百年来总结出的高超而又宝贵的经验，是我国农业科技史上极其重要的文化遗产。

　　养蚕二十四事主要包括浴蚕、下蚕、喂蚕、一眠、二眠、三眠、分箔、采桑、大起、捉绩、上蔟、灸箔、下蔟、择茧、窖茧、缫丝、蚕蛾出种、祀谢、络丝、经、纬、织、攀花、剪帛等。从中我们可以直观地了解我国桑蚕生产过程中成熟和精细的技艺，以及桑蚕文化的精髓。

图 4-6-1　浴　蚕

图 4-6-2　上　蔟

　　育蚕、养蚕的好坏对结茧出丝尤为重要，是丝绸质量好坏的先决条件。只有掌握好蚕生长过程中的各个环节，才能保证取得柔软、有韧性的优质的蚕丝。养蚕过程中最为关键的第一个环节是对蚕卵的筛选，浴种就是筛选蚕种的环节，这是蚕农用来自然淘汰劣质蚕种的办法。蚕农一般一年会进行2次浴种，一次是在严寒的腊月将蚕种放在户外，能经受风、雪、霜、寒的蚕种才会被留下来。另一次是在谷雨前后催青之前，是把蚕种纸放在朱砂温水中洗浴，目的是使得孵化的蚕不易得病，蚕茧也更加坚厚，并且产丝更多，能够保证优质茧丝的收获。育蚕过程中促使蚕种孵化的一个重要的环节是暖蚕，就是对蚕种进行加温。暖种一般在清明时节进行。长江流域及以北地区，一般采用室内人工加温或用太阳的光热暖种。而明清时代江浙等地的蚕农则大多利用人的体温暖种；蚕在生长过程中赖以为生的桑叶对茧丝的质量至关重要，所以历代的蚕农在喂食桑叶方面积累了丰富而宝贵的经验。例如，总结出在蚕的不同生长阶段要喂以不同品种和不同大小的桑叶，桑叶的温度和湿度，以及不同生长阶段的蚕需要给桑的数量和次数。

古时将蚕的成熟称为"老"。成熟后的蚕要被捉到蔟上结茧，叫作上蔟。历代都总结了上蔟和上蔟加温的方法。例如有自然拾取法、振落上蔟法等。关于上蔟时加温。北魏采用雨天室内上蔟，晴天室外上蔟的方法；宋代上蔟时要在蔟下面生炭火加温，促其做茧，且有利于缫丝。元代时强调上蔟的地方宜高而平，宜通风。明代进一步总结了吐丝结茧时"出口干"的要领，即出茧时用炭火烘。

图 4-6-3　收蚕茧

从蚕茧抽出蚕丝的工艺叫作缫丝。缫出的蚕丝放进含楝（liàn）木灰、蜃（shèn）灰（蛤壳烧的灰）或乌梅汁的水中浸泡。然后在日光下暴晒。晒干后再浸再洗，这道工序叫作练丝。一是为了进一步漂白蚕丝，二是为了去除丝上残存的丝胶，使蚕丝更加柔软，容易染色。未练的叫作生丝，已练的叫作熟丝。练丝的工艺和缫丝相似，汉以前用温水，东汉以来用沸水。

7. 从野蚕结茧到人工放养
——柞蚕饲养

在自然界中除了以桑叶为食的家蚕外，还有一种以柞、槲树叶为食的小生灵，也能吐丝结茧，吐的丝也可以织丝成帛，这就是柞蚕。柞蚕丝纺织制品刚性强、耐酸碱性强、色泽天然，纤维粗，保暖性好，是蚕丝被、蚕丝毯的首选材料。

如同早期野蚕被发现和利用一样，远古先民们很早也发现了柞树上的柞蚕茧，并加以利用。关于柞蚕丝的最早记载是《禹贡》九洲贡物中所记"青州：厥（jué）篚（fěi）檿（yǎn）丝"之句。"檿丝"就是柞蚕丝。可见至少在 2 000 年以前，人们已开始利用山林中的野生柞蚕茧制丝。关于柞蚕的记载史书上很多，如《晋书》中："太康七年（286），东莱山蚕遍野，成茧可四十里，土人缫丝织之，名曰山绸"；晋代崔豹《古今注》中："汉元帝永光四年（公元前 40 年），东莱郡东牟山（在今山东省牟平县境内）有野蚕为茧。茧生蛾，蛾生卵，卵著石，收得万余石，民以为絮"；晋代郭义恭的《广志》中："柞蚕食柞叶，民以作绵"。然而尽管人们利用野外柞蚕很早，但柞蚕的人工放养远比桑蚕的人工饲养要晚，在明朝后期才在山东半岛形成了一整套人工放养的方法。而在人工放养之前的柞蚕主要是在山林中自生自灭，因为这种野蚕大面积成茧的现象极为罕见，所以被人们发现会认为是祥瑞之兆，还会被当地的官员上报给朝廷，文献中对此屡有记载。例如，明代前期的史书上记载有："洪武二十八年（1396）七月戊戌，河南汝宁府确山县，野蚕成茧，群臣表贺。"可见，一方面野蚕成茧的现象确实在古代曾被认为是祥瑞之兆，另一方面也生动地刻画出明代晚期山东近海一带放养柞蚕的盛况。到了明代后期，山东半岛的柞蚕人工放养已经非常普遍，而且成为了山区农家的一项主要副业。随着明末清初柞蚕放养的普遍出现，文武百官都开始改用柞蚕丝做衣服了。清代中叶，柞蚕由山东先后传到陕西、河南、贵州、辽宁等地。辽宁等地至今仍然是全国柞蚕的最主要产地。

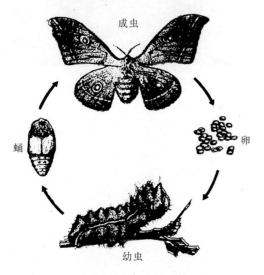

图 4-7-1　柞蚕生活史

图 4-7-2　柞　蚕

　　柞蚕是一种完全变态的昆虫。因主要以柞树叶为食故名柞蚕。一个世代要经过卵、幼虫、蛹、成虫 4 个发育阶段。古代山民们在采收利用柞茧的过程中，了解到柞蚕的生活习性，渐渐摸索出一套放养柞蚕的技术，于是山民们从单纯采收野生的柞茧，进而人工加以放养。人工放养柞蚕的整套技术主要包括择种、烘茧、拾蛾、交配、拴筐、剪移、收茧等各项作业。在放养时，一般一株 2 米左右高的柞树，拴筐时约上蚁蚕万头，过 1～2 天后剪移于10～20 株树上，以后又分移在 50～60 株树上，再分移在 100～200 株树上。每次剪移都随着蚕龄不断扩大蚕场，确保蚕能吃足柞叶。

8. 冷盆热釜
——古代缫丝技术

　　中国缫丝的历史比养蚕悠久。所谓缫（sāo）丝是将蚕茧浸泡在水中，使蚕茧松散，并从中牵抽出蚕丝的过程，是丝织技术中极为关键的一个环节，直接影响丝的质量。在丝织业的发展过程中，缫丝技术始终得到不断地完善和创新。

　　在早期还没掌握杀蛹贮茧的技术之前，人们通常是用鲜茧来缫丝的，叫作生缫。蚕茧从蔟中采落后，需在 10 日内完成缫丝，否则蚕就会化成蛹。而鲜茧经过杀蛹烘干后再行缫制叫作熟缫。因为蚕丝的成分主要是丝素和丝胶。丝素是蚕丝的主体成分。缫丝时将蚕茧放在盛水的容器中，目的是让丝胶溶解，使得蚕茧松散，以便捞出绪头，进一步理丝。春秋战国以前主要是冷水缫丝；随后出现了沸水煮茧缫丝法；那时的人们已经总结出缫丝时煮茧的时间、水温的控制和换水频率等对丝胶的溶解程度、蚕丝的质量和缫丝效率的影响了。沸水煮茧缫丝在秦汉时已很普遍。而汉唐以后又进一步总结出煮茧的沸水最好是"形如蟹眼"。宋代秦观《蚕书》中记载有热釜缫丝法，元代文献中则有了冷盆缫丝法。热釜法缫丝即沸水煮茧缫丝法，煮茧与抽丝用一口锅，置于灶上。此法煮茧缫丝的效率较高，但由于每次投入盆中的茧量大，缫丝速度快，不易控制丝的粗细。而冷盆法缫丝法是将煮茧与抽丝分开。用热釜煮茧后放入冷盆抽丝。这样抽出的丝更加容易控制粗细，不易断丝。明代则出现了"连冷盆"工艺。为了使缫出的丝快速干，明代还采用在缫丝框下放置炭火烘干蚕丝的办法，生丝随缫随干，宋应星所著《天工开物》中将这种方法叫作"出水干"。明清时期，浙江湖州南浔镇辑里村因为有着优越的自然条件、优良的蚕种和高超的缫丝技术，所生产的辑里湖丝，具有"细、圆、匀、坚、白、净、柔、韧"八大特点，享誉世界。

除了缫丝技术，缫丝器具的发明和改良也经历了一个从简单到复杂，效率从低到高的过程。最早人们是用纺轮进行蚕丝合股；用"工"字形或"X"形的绕丝架绕取茧丝；西汉时出现了缫车；从北宋《蚕书》中我们发现抽丝和合丝的工艺开始合流，而南宋梁楷的《蚕织图》上则出现了较为复杂和更加先进的脚踏缫车。元代脚踏缫车有南北两种形式。明代《天工开物》明确记载了南缫丝车和北缫丝车两种不同形式。缫

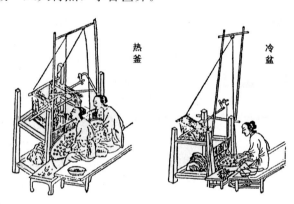

图 4-8-1　热釜和冷盆缫丝图

车一般包括集绪、卷绕和传动 3 个部分。缫丝时，从茧锅中用木箸等捞出丝绪头，叫作索绪，捞出的几股丝头中去掉囊头后，捻成的丝股穿过钱眼，再绕过导丝的滑轮—锁星，带动缫车通过横动导丝杆上的导丝钩，绕在丝軖上，通过丝軖的联动惯性，完成缫丝。

9. 濒临灭绝的传统工艺
——弹棉花

从棉花的种植到纺成棉线，织成棉布，是一个繁琐复杂的过程。棉花采摘后要经过轧棉籽、弹棉、纺线和织布才能织成棉布。轧去棉籽后的棉花被称为净棉。净棉在用于手工纺纱

或作絮棉之前，需经过弹松，这一工序就叫作弹棉。弹松棉花的过程也是为了便于去除杂质。弹棉花是棉纺织品加工过程中一个很关键的环节，同时也是一项非常传统的手工技艺，大概是元代开始形成的技艺，距今已有800多年的历史了。

20世纪的70~80年代，民间从事弹棉的手艺人很多，大街小巷经常会听到弹棉花的吆喝声。民间弹棉主要有两个目的，一是用新摘的棉花弹松制作新棉被，民间嫁女讲究"八铺八盖"的陪嫁，可以说请弹棉工弹制新棉被是婚事准备的重要事项。二是民间老百姓也会请弹棉工弹制翻新旧棉被。一弯大弹弓、一个弹椎、铲头、一个木磨盘、一些牵纱篾，就是弹棉郎的全部家当，担着弹棉工具，吆喝着游走在城市大街小巷的弹棉工是当时城市中一道独特的风景线。

图 4-9-1　《天工开物》中的弹棉图

传统的弹棉工具很简单，主要由弹弓、弹椎、铲头、竹筛、木磨盘、牵纱篾等组成。早期的弹弓是小弓，不用弹椎。14世纪初，出现了4尺长的大弓，弓上的弦是用牛筋制作，用弹槌击弦，是竹弧绳弦，这是弹棉技术上的一大进步。明代时期弹弓又有改进。《农政全书》中绘出了"以木为弓，蜡丝为弦"的木弓，这种弹弓弹棉效率更高。《天工开物》中介绍了悬弓弹花法，用一根竹竿把弹弓悬挂起来，以减轻弹花者左手持弓的负担，仍用右手击弦。清代时期，弹花者把小竹杆系于背上，使弹弓跟随弹花者移动，操作较方便，但增加了弹花者的负担。

弹棉前最重要的准备工作是调弦，弦调得太松，没有劲道，弹不起棉花，弦太紧，振动的幅度不够大，也会影响弹棉的效率。扯散的棉花被平铺在较大的平台上，弹棉师傅一手持槌，一手扶弓，用槌有节奏地敲击弹弓上的牛筋弦，借着牛筋爆发的张力将棉纤维弹成蓬松状，松散的棉花按棉被的规格铺好后，通常需要两个人配合在棉被的两面铺纱，按纵横两个方向牵纱，这样弹好的棉胎就已经初具形状了。接下来弹棉师傅会用木磨盘在弹好的棉胎上进行碾压，这叫走盘。这样做的目的是使棉胎平整和服贴。如今手工弹棉逐渐被机器所取代，实现了自动化且由电脑控制，效率大大提高，一床棉被借助机器只用15分钟就能完成。传统的弹棉渐渐地淡出了人们的视野，或许在不久的将来，我们就只有在博物馆或很少的地方才能看到这项技艺了。

10. 从童养媳到棉纺织技术革新家
——黄道婆

　　黄道婆是宋末元初松江府乌泥泾镇一个普通的农家妇女，小小年纪就当了童养媳，因为不堪忍受夫家的迫害，坐船一路逃到崖州（即今天的海南岛），流落到道观。谁也没有想到，就是这次的出逃开始了她与棉纺织的不解之缘，也造就了她的传奇一生。这个看似貌不惊人，举止朴素的妇女就是被后世誉为"中国古代纺织技术革新家"的黄道婆，她在棉纺织技术革新方面的功绩对我国棉纺织技术的发展具有划时代的作用，甚至被尊为我国棉纺织业发展的先祖。

图 4-10-1　黄道婆像
（韵文江　绘图）

崖州地区植棉和棉纺织生产的历史非常悠久。当时的棉纺织技术已经有相当高的水平了，不仅棉纺织品种繁多，而且织工考究，色彩艳丽。黄道婆在崖州生活的 30 多年间，和当地黎族人民朝夕相处，心灵手巧的她很快掌握了复杂的棉纺织技艺，甚至能够织造代表黎族棉纺织工艺水平最高成就的"龙被"和黎锦的织作技艺。不仅如此，有心的她在纺织学习过程中还特别善于动脑，通过发明和改善工具来提高生产效率，这使她很快就成为当地棉纺织技艺的佼佼者。至今当地还流传着这样的歌谣："筒裙姑娘手把针，绣的王家千金花。黎筒汉袍映异样，道婆学艺在我家。"

黄道婆后来回到家乡，将在崖州学习到的棉纺织技术毫无保留地传授给自己的姐妹们。将学习到的棉纺织技术和当地纺织技术相融合，改进并完善了压籽、弹花、纺纱、织布等各个工序。她发明的轧车采用半机械化的脚踏式，大大提高了去棉籽的效率。弹棉用的小弓被大弓所代替，用大弦代替小弦，用檀木椎敲弹弦线代替原来弦线小弓用手指弹拨的方法，弹花效率得到了大大的提高，能最大程度地清除棉中的杂质，保证棉纱的质量。黄道婆最重要的发明是将单锭单纱的脚踏纺车改成三锭三纱脚踏式棉纺车。她独创的"错纱配色，综线挈花"的技术被运用在闻名全国的乌泥泾被的织造上，远销各地，并带动了松江地区的棉纺织生产。此外，黄道婆还精通在土布上染色作画，画上预示着五谷丰登、吉祥如意、多子多福等的图案，也更加说明了黄道婆受海南黎锦影响之深。正是黄道婆的这一系列革新，促进了棉纺织技术的革命，也造福了当地的人民。乌泥泾人"人既受教，竟相作为，转货他郡，岁既就殷"。大大促进了中原地区的棉纺织发展。

图 4-10-2　脚踏三锭棉纺车

为了纪念黄道婆的无量功德和在我国棉纺织历史上的卓越贡献，人们在黄道婆墓旁边为她修建了先棉祠，供后人缅怀和寄托崇敬之情。2006年，乌泥泾手工棉纺织技术还被列入首批国家级非物质文化遗产名录。

11. 棉纺织的活化石
——黎族传统棉纺织染绣技艺

古代崖州（今海南），是中国最早植棉和进行棉纺织生产的地区。古崖州主要盛产3种棉花，即木棉、草棉和爪哇棉，除了爪哇棉纤维短而脆，不适宜做纺织原料外，木棉和草棉则是黎族棉纺织的重要原料。木棉是当地盛产的一种开花吐絮的灌木。草棉则被黎族人称为"贝""吉贝"等，早在春秋战国时期，就有吉贝布了。相比中原地区，崖州黎族地区不仅是植棉和进行棉纺织生产最早的地方，而且在棉纺、织、染、绣方面也形成了黎族独有的工艺特色。出现了很多工艺精湛、图案艳丽的纺织品种，如崖州被，即龙被，以及以棉线为主，麻线、丝线和金银线为辅交织而成的，被誉为光辉艳如云的黎锦等。

图 4-11-1　奴隶主与纺织作坊像

黎族传统棉纺织生产主要有：棉花的初加工，包括摘棉、脱棉籽等；织棉前的准备工作包括弹棉、纺纱、导纱、上浆、染纱等工序；然后才是通过织机进行织布。其中脱棉籽主要采用手工剥除和脱棉籽机；用无弓椎的小型弹弓弹棉去除杂质和净棉；用手捻纺轮、手摇纺车和单锭脚踏纺车等纺纱；用绕线架和绕线车导纱；将导好的纱线置于"鸭板栗"（一种植物种子）、米浆、碎米汁、牛皮等混合的水中煮熟后晒干就完成了上浆；黎族棉织品一般先染后织，以蓝草、姜黄等天然植物染料给棉布进行染色。绊染是黎族纺织技艺中的一种特有的扎染技艺，在不同的黎族方言区形成了不同风格的扎染技艺。除了植物染色外，黎族人们还独创了用泥巴染色的特殊技艺。黎族织布主要是腰机、腰织机或踞织腰机；黎族织锦的工艺流程主要包括：

图 4-11-2　织布机

上经、解经、打综（穿综）、变综织纬等。此外，在黎族的织锦工艺中，刺绣也体现出特有的风格，有双面绣和单面绣，单面绣以三联幅崖州被为代表，即闻名全国的龙被；双面绣中以人龙锦为代表。黎族织锦的图案不仅有具象的，也有抽象的和符号化的图案，丰富艳丽的色彩，协调的构图都构成了黎锦独一无二的风格与特色。

黎族没有本民族的文字，自古以来，黎锦的织造技艺都是通过口传心授，母女传承的方式一代代延续下来的。

图 4-11-3　黎族服饰

图 4-11-4　海南黎族龙被

黎族传统棉纺织染绣技艺被誉为"中国棉纺织的活化石"，因为它独特的制作工艺和对世界纺织技术的贡献，于 2006 年被列入国家首批非物质文化遗产名录，2009 年 10 月，黎族传统纺织染绣技艺（黎锦）被联合国教科文组织列入首批亟需保护的非物质文化遗产名录。

12. 国纺源头，万年衣祖
——麻纺织的起源

麻作为纺织原料的起源可以追溯到 1 万年前的新石器早期，甚至更久远的旧石器时代，相较丝、毛、棉等为原料的纺织起源来讲要早得多，故而素有"国纺源头、万年衣祖"之称。

远古人类采集葛、麻等野生植物，用石块敲打直至麻纤维变软变散，然后将其撕扯成绩、搓制并编织成绳索和织物，这就是早期的麻纺织雏形。古代传说中就有关于尧"冬日麂（jǐ）裘，夏日葛布"的描述。另外，关于伯余制衣的传说中记载，伯余是最早制造衣裳的人。《淮南子·氾论训》中有："伯余之初作衣也，淡麻索缕，手经指挂，其成犹网罗。后世为之机杼胜复，以便其用，而民得以掩形御寒"的记载，可见伯余是将麻的茎皮劈成极细长的纤维，然后逐根拈接，古称"绩"，这是需要一定技巧的，因为能够体现拈麻接线的优劣，后来被人们进一步引申到学习和工作中去，今天的"成绩"一词就是这么来的。伯余将绩好的麻通过网罗的编织方式织麻成衣。这个传说从一个侧面说明了这个时候的古人已经掌握了麻纺织的基本技术，为以后麻纺织的发展奠定了基础。

关于麻纺织的考古发现很多，在北京周口店山顶洞人遗址发现了 1.8 万年前的骨针，说明当时已经出现原始的缝纫；在河姆渡新石器时期的遗址发现了距今 7 000 多年前的苘（qǐng）麻双股线，以及原始织机的零部件等；江苏吴县草鞋山发现距今 5 000 年的葛制罗纹残片，吴兴良渚遗址出土的平纹苎麻织物残片，仰韶文化遗址发现的距今 6 000 年的陶罐底部留有的麻布和葛布的印痕等，都进一步佐证了新石器时期，远古先民们已经开始用简单的纺织工具进行葛麻等麻纺织生产的事实。

古代用于麻类纺织的主要原料有葛（也称葛藤）、苎麻（也称纻麻）、大麻（也称汉麻）、苘（qǐng）麻以及蕉麻等。葛是一种茎长 2～3 丈，多年生的草本植物，从中抽取出的纤维可以用于纺织，由此纤维织成的织物称为葛布。商周时期，葛布已经成为当时最主要的服装原料了。春秋战国时期，葛的人工栽培已经很普遍了，是当时的大宗纺织原料之一。隋唐以

图 4-12-1　河北藁城台西出土的商代麻布残片

后，丝麻纺织技术进一步提高，葛纤维的纺织逐渐被麻所取代。

苎麻，被誉为"中国草"。由于它需要经过脱胶等工艺才能作为纺织原料，所以苎麻作为纺织原料要比葛布晚。春秋战国时期是麻纤维纺织品极其兴盛的黄金时期，当时甚至能制作能和丝绸相媲美的苎麻织品。在长期的纺织生产实践中，人们总结出了一整套的植麻、剥麻、脱胶、劈绩、麻纺和麻织的生产工序，至今仍然被人们沿用，在南方的一些地方还盛产苎麻织的夏布。

此外，大麻的人工种植和纺织也始于新石器时期，普及于商周时期。2 000 多年前的人们已经懂得用大麻的雄株织较细的布，用雌株织较粗的布。苘麻纤维短而粗，商周时期多用来制作丧服或下层劳动人民的服装。蕉麻的茎皮纤维也被用来作为纺织原料，织成的布则叫作蕉布。

13. 东门之池，可以沤麻
——麻的脱胶技术

葛、麻等可以用来纺纱的纤维位于它们茎皮的韧皮层中，因为这一层韧皮与果胶黏在一起，由于原料的特殊性，必须经过脱胶方可进行纺织。人们在长期的实践中积累了一

整套使麻纤维更加适合纺织高档麻织物的脱胶技术，其科学性和有效性至今仍具有借鉴意义。

远古时期的人们在提取植物纤维时是用手或石器直接获取，先用石块敲打麻类植物的茎，使其变软，以易于撕扯成缕，然后用以搓绳或结网。在河姆渡遗址发现的部分麻绳就是用最原始的剥麻手段剥取的麻纤维编成的，没有经过任何脱胶处理。而新石器晚期钱山漾遗址发现的麻片却有明显的脱胶痕迹。最早的麻脱胶技术采用沤渍法。目前发现关于沤麻的最早记载是《诗经·陈风》中"东门之池，可以沤麻"的描述。沤，意为长时间浸泡在水中。沤麻的目的是为了使麻变柔软。具体做法是将捆好的麻放在沤池中完全浸泡，并在上面压上石头。麻捆浸泡一定时间后捞出晾干，再进行剥麻。因为沤渍法是利用水中微生物的繁殖大量吸收水中麻类植物的胶质的原理来脱胶的，而微生物的繁殖又受季节、水质和沤渍时间的影响，掌握好沤麻的时机和技术要领使得脱胶后的麻纤维质地柔软，甚至与柔顺的蚕丝相媲美。西汉时《氾胜之书》中就明确指出最佳时节是夏至后 20 天；北魏贾思勰《齐民要术》中也有"沤欲清水，生熟合宜。浊水则麻黑，水少则麻脆。生则难剥，太烂则不任"的记载。除了古籍的记载外，还有很多关于指导沤麻生产的应时民谚，例如在盛产亚麻的黑龙江地区就流传着"立秋忙打甸，处暑沤麻田"。

后来在沤渍脱胶的基础上还发明了沸煮法。沸煮法是将麻纤维放在用石灰、草木灰等配制而成的沸水中煮，来使其脱胶，这是早期的一种化学脱胶法。因为胶质多为酸性物质，通过与碱液的化学反应，能够起到更好的脱胶效果。沸煮法最早用于葛纤维的初加工上，除了容易控制水温和时间外，此种方法能比较均匀地作用于葛纤维上。经过脱胶处理的葛纤维可以被织成粗细不同的葛布。《诗经》中就有"是刈（yì）是濩（huò），为絺（细葛布）为绤（粗葛布）"这样关于葛织品的描述。秦汉以后，沸煮法也逐渐开始用于苎麻的脱胶。

除了沤渍脱胶和沸煮脱胶法外，秦之前还出现了一种将半脱胶的麻纤维经过纺

图 4-13-1　沤　麻

绩后，将麻纱放在配制好的碱水中浸泡，从而使残余的胶质进一步脱落，使麻质更加细软，此种方法被叫作灰治法，元代《王祯农书》中记载有类似此法结合日晒的方法。长沙马王堆汉墓中出土的苎麻非常精细，就是采用此种方式脱胶的。

现代麻纺织生产中有些企业采用强酸、强碱、强漂、高温、高压煮炼的脱胶工艺，不仅生产成本高，而且对环境污染严重。我国工程院姚穆院士，倡议采用细菌发酵或生物酶处理为主的生物脱胶技术代替化学脱胶，不仅可以提升苎麻的纺织效率，也可以提高麻纱的质量，同时做到节能减排。巧合的是，这种生物脱胶技术与《诗经》中记载的沤麻脱胶技术如出一辙。

14. 绩毛作衣
——羊毛的初加工技术

毛纺织技术是少数民族地区人民对我国纺织成就的贡献。早在新石器时期，游牧地区的先民们就已经可以利用动物毛皮制作抵御严寒的衣物、用毛纤维进行编织和纺织了。在青海都兰诺木洪原始社会遗址发现的毛织物残片，新疆罗布淖尔发现的公元前 1 880 年前的毛织物都证明了当时毛纺织技术已经有了一定的进步。古人用于毛纺织的原料主要有羊毛、羊绒、牦牛毛、骆驼毛、兔毛，以及飞禽的羽毛等。尤以羊毛为主。自古以来，羊毛织物和羊毛绳索就是游牧民族的大宗衣物和生活生产用品。羊毛中尤以绵羊毛为最佳，羊毛纤维的纺织性能极佳，富有弹性、质地柔软、保暖性能好。古代毡、毯、褐、罽（jì）等毛纺织品都是羊毛纤维织就的。

羊毛纤维在用于纺织之前，需要经过采毛、净毛、弹毛等初步的加工过程，以便去除毛纤维中的杂质，开松羊毛，使之适合纺织。采毛是指毛纤维的收集。净毛是指去除原毛上所附油脂和杂质。弹毛是将洗净、晒干的羊毛，用弓弦弹松成分离松散状态的单纤维，以供纺纱。

早期的采毛应该叫作拾毛更准确，因为是将遗落在地上的羊毛收集起来，又或者是在屠宰过后的羊皮上获取的。春秋战国时期，先民们才开始从羊身上直接采毛。北魏

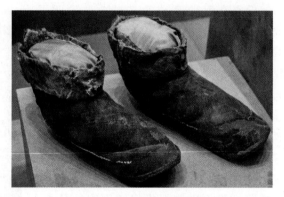

图 4-14-1　汉代毛布毡靴

贾思勰著的《齐民要术》中详细描述了铰毛技术。由于不同地区气候和温湿度的不同、饲养条件的不同等原因，各地一年进行铰毛的次数有所不同，一般一年要铰 3 次，分别是在春天、5 月天开始热的时候和 8 月初前，为了不使羊的体质受到伤害，一般情况下，中秋节后一般就不再给羊铰（剪）毛，否则寒气侵入，令羊瘦损。羊绒是羊身上最细腻最柔软的毛，数量很少，用它制成的衣服手感特别的好，而且非常保暖。明代，人们获取山羊绒主要采用掐绒和拔绒的方式，掐绒就是用竹篦从羊身上梳取绒毛的方法。要想采山羊身上更细的绒毛，则要用指甲顺着毛的生长方向抓取，叫作拔绒。

净毛是为了去除羊毛中的油脂和杂质，早期的牧民是用砂石揉搓来去除羊毛中的油脂和杂质。根据《大元毡罽工物记》的记载判断，元代大概是用酸性或碱性溶液来洗涤的。现代工艺中洗毛是非常重要的工序，普遍利用机械与化学相结合的方法去除原毛中的羊毛脂、羊汗和粘附的沙土等杂质，获得洗净毛。

弹毛是将洗净、晒干的羊毛，用弓弦弹松成分离松散状态的单纤维，并去除部分杂质。弹毛技术后来移用于弹棉。只是因羊毛纤维比棉纤维长，单纤维强力和弹力也比棉

纤维大，弹毛弓的尺寸可能要比弹棉弓相应大一些。新疆、河西走廊到内蒙古草原一带，至今还保留着一种古老的传统弹毛工艺，即两人用 4 根皮条手工弹毛，适用于弹山羊毛和粗羊毛。

15. 彰施五彩，印花防染
——传统印染技术

我国的传统手工印染工艺历史悠久、技术高超，凝聚了我国几千年深厚的文化底蕴和很高的艺术造诣，长期以来深受人们喜爱，在世界上也享有盛誉。将传统印染工艺和传统图案巧妙结合，也成为我国纺织印染技术中不可或缺的重要组成部分。

我国很早就开始利用植物对织物进行染色，从直接将植物的汁液拿来染色，到大量栽培种植原料，并对原料进行处理，对其中的有效成分加以提取、纯制，做成染料成品。由此出现了古代的植物染色工艺，通常被称为草染。《齐民要术》和《天工开物》中都有对植物原料进行化学加工的记载。例如，被广泛应用的重要植物染料——靛蓝的提取和制作，过程包括泡蓝、打靛和沉淀 3 个步骤，通过浸泡蓝草将色素溶于水，在滤除渣滓的水中加入适量的石灰，上下搅拌加氧就会使水色发生变化，这样靛蓝素就会沉淀，就能得到膏泥状的靛泥，晾干后即可，用时将靛青投入染缸，加入酒糟，通过发酵，使它再还原成靛白并重新溶解，即可进行织物染色工序了。此外还有用红花提取红色染料的方法，其中古人会采用杀花法，最后提取出纯净的红色素，制成红花饼，阴干收储。杀花法在隋唐时候被传入日本等国，而红花饼在宋元之后得到了普及和推广。用来染色的植物很多，常用的主要有：蓝草、茜草、红花、苏木、栀子、槐花、郁金、黄栌、鼠李、紫草、荩草、狼尾草、鼠尾草、五倍子等。

在纺织织造水平不高的殷商时期，人们只能在织物上手绘图案、花纹来获得绚丽的纺织品。战国时期，印花防染技术出现，主要包括凸版印花技术和染缬技术等。

图 4-15-1 扎染围巾

图 4-15-2 夹缬作品

凸版印花技术就是按设计好的图案雕版型，在凸起的地方上色，然后在织物上像印图章一样印制出图案。西汉马王堆汉墓中出土的印花敷彩纱就采用了这种技术，即用雕刻的版在织物上印出花卉枝干等，再在上面进一步描画出其他的细节。秦汉时期出现的夹缬是一种镂空版印花，是用两块镂雕成相同花纹的木板或油纸板，将布帛置于两块花板之间夹紧，然后在雕空处注以染液待干后解去夹板，现出花纹。其特点是花纹左右对称，色彩两面相同，同时由于花纹边缘受染汁浸透程度不同，

图 4-15-3　蜡染床单
（谢筱鹏　摄）

大多夹缬花纹有晕色效果，显得自然美观。据说北魏孝明帝时，河南荥阳有个人叫郑云，曾用紫色花纹的夹缬丝绸织物 400 匹向官府行贿，弄到一个安州刺史的官衔。由此可见，夹缬在当时也是贵重之物。绞缬又名"撮缬（xié）"，即扎（zā）染，操作时，按事先设计好的纹样用针线缝制织物，或直接缠绕成结，然后放入染液中上色，由于染液的渗透受到限制，因而起到防染作用。拆除线结后则呈现出别具一格，斑斓奇丽，富有天然之趣的纹样。扎染一般作单色加工，复杂加工后可以套染出更加多彩的纹样，具有极强的装饰效果。蜡缬又称蜡染，因用蜂蜡作防染剂而得名。传说蜡染之乡石头寨有一位布依族姑娘，偶然发现一只蜜蜂停在了染过的白布上，飞走后留下了一个小白点，受此启发发明了蜡染。蜡染的做法是用蜡刀蘸取蜡液，在经处理的织物上描绘各种图案纹样。蜡绘干燥后，即可投入靛蓝溶液中进行染色。染后用沸水去蜡，即呈现蓝底白花的蜡染织物。特别是蜡液凝固后，自然产生微妙的裂纹，浸染时，蜡液顺裂纹渗透下去，形成妙趣天成的"冰纹"，这是蜡染独具的艺术效果。

五、加工篇

1. 食不厌精
——粮食加工技术

 考古证据表明，谷物早在实现人工种植前就已是主食。曾在加利利海沿岸的奥哈洛 2 号遗址生活的古人类在上一个冰期达到顶峰时就已食用小麦和大麦了，此后过了 1 万多年小麦和大麦才实现人工种植。古植物学家还发现，生活在 4 万年前的尼安德特人的牙垢里含有淀粉颗粒，其形状呈现出典型的大麦及其他谷物的特点。谷物也是中国饮食结构中能量的主要来源。隋唐以前，北方以粟（即小米）为主，小麦也有种植，但不是主要的。唐代以后小麦开始大规模种植，北方开始小麦与粟并种，继而转向以小麦为主。南方地区从汉代以后已逐渐偏重稻米种植，宋朝特别是南宋时期江南农业大发展，水稻成为南方地区的主要食物。

 粮食加工的制成品主要有酒、醋、饴、主食等 4 类。酒出现于原始社会末期。到明代，普通酒和药酒的制法已有约 70 种。我国至少在春秋战国时已能将粮食加工成醋。《齐民要术》所述做醋的方法达 23 种之多，所用的粮食有麦、粟、黍、豆等，大多是用麦作为糖化和发酵的催化剂酿造而成。饴是用麦芽或谷芽制成的一种糖类。到明代，用来加工造饴的粮食除稻、麦外，还有黍和粟等。不过从古至今，粮食最主要的用途还是整粒或研磨成的粉末，通过蒸、煮等方法加工熟食。

 我国古代的主食可分为粒食类和粉食类。粒食类主要为饭和粥。《世说新语·夙惠第十二》中记载了这样一个典故：东汉陈寔在家与宾客讲论学问，命二子烧饭待客，二子因偷听大人讨论而忘记放箅，结果饭落甑中，煮成了粥。以粥这种"薄膳"待客显然有些失礼，陈寔质问，二子道出原委，并复述了刚刚偷听到的讨论。陈寔大喜，认为这样的话用粥待客即可，不必非要饭了。这反映出饭食和粥食两种当时主要的粒食加工方法。饭食的主要原料为米或麦，麦饭在东汉时已被看作粗粝之食。粥食出现得更早，因糜烂便于消化，被古人视作养生、养老之食。

 粉食类的发展得益于粮食加工工具的出现。我国古代发明了许多粮食加工工具，如磨、碾、碓、风扇车等，后来又发明了水动力的水碓和水磨等。这些工具效率高、应用广，是我国粮食加工方面的重要发明。战国以前麦类主要是粒食，战国时发明了石圆磨，才开始加工成面粉。石磨的出现和推广以及后来畜力磨、水利磨，甚至风力磨的使用，使古代粮食加工效率大大提高，不仅促进了小麦、大豆等谷物的大面积推广种植，还使北方人们的饮食由粒食为主变为面食为主，主食也日益精细化和多样化，对我国农业文明和饮食文化产生了深远影响。

 粉食类因加工方法的不同，又可分为汤煮、笼蒸、焙烤、油煎。汉、唐时面食皆称为饼。饼字最早见于《墨子·耕柱篇》，磨面制饼战国时逐渐推广，西汉时城镇里卖面饼的已经常见。汉高祖刘邦之父刘太公在宫廷住不习惯，因其爱好是与"屠贩少年，沽酒卖饼，斗鸡蹴鞠"。汉宣帝在民间，每买饼，"所从买家辄大售"。当时水煮食的叫汤饼，蒸食的叫蒸饼或笼饼，烤制的叫炉饼或烧饼，加芝麻的叫胡饼。贾思勰所著《齐民要术》中记载的"水引饼"，是一种长1尺左右，形如韭叶的水煮食物，与今天的面条极为相似。东汉时已经出现"酒溲饼"，是以酒母发酵的饼，说明当时的人们已经掌握了发面饼的制作技术。馒头是在秦汉时期出现的。河南密县打虎亭汉墓的画像石中，就刻画出一个由数层矮屉叠合而成的大蒸笼。敦煌文献中的"烧饼""馅饼"都是将肉或者蔬菜做成馅儿包在面皮内，或烤熟或煎熟，类似于今天的馅饼和包子。饺子是地道的中国传统食品，最早见于重庆市忠县涂井5号蜀汉墓所出庖厨俑的陶案上，最早的实物饺子发现于新疆吐鲁番阿斯塔纳—哈拉和卓唐墓，距今已有1 300多年的历史了。

2. 脍不厌细
——肉类加工技术

我们的早期祖先发明了武器和切割工具，以代替食肉动物锋利的牙齿。出土的动物骨头上布满了用石制工具切割的痕迹。"菜肴"一词中的"肴"在古代的意思就是肉食、蔬菜和肉构成了人们日常饮食生活的重要组成部分。3 000多年以来，人们为了便于贮藏、改善风味、提高适口感、增加品种等而世代相传、发展起来的种类繁多的肉制品，以其颜色、香气、味道和造型独特而著称于世，是我国肉制品几千年制作经验与智慧的结晶，对世界肉制品加工技术和加工理论的发展作出过杰出的贡献。肉制品按加工工艺不同可分为腌腊制品、干制制品、火腿制品、灌肠制品、酱卤制品、熏烤制品和油炸制品。传统肉制品可分为4类：北味（京式）、南味（苏式）、广味（广式）、川味（云、贵、川、湖南），各具特色。在我国古代的《礼记》《齐民要术》等书籍中都记载着多种多样的肉制品加工技术。

肉类干制是最古老的肉类加工方式，早在《周礼》一书中就出现了"腊人"的官职，掌管着宫廷所有干肉的制作和烹饪，包括脯、腊、锻脩、肮（大块干肉）、胖（小片干肉）等。脯是咸肉条或者咸肉块，不加姜、桂，只抹盐晒干制成。腌主要也指肉类的盐渍加工品。腊是将畜兽类去毛，整只经火烘烤，再晒干的干肉。锻脩是加姜、桂等香料，轻捶使肉干实的加工方法。孔子收徒也把干肉（束脩）作为学费。肉酱主要是把各种动物的肉剁碎，拌曲发酵而成，这种酱称为醢。鲊是用盐米加工成的一种鱼肉酸制品。《齐民要术》记载了2 500多年前的不同类型食品的加工方式，这些加工方式既便于肉类的长期储藏，也便于贩运和携带。

我国传统肉制品的加工工艺暗含科学道理。目前欧洲最为著名的帕尔玛火腿就是以700多年前马可·波罗从我国带回的金华火腿加工技术为基础发展形成的。莱斯特博士的现代肉品贮藏理论——栅栏效应理论也是在研究我国腊肠的菌相构成后得以证实和丰富起来的。我们的先辈们不知道防腐、杀菌的原理，但却巧妙地将这一原理应用到肉制品加工过程中，在世界肉品加工技术上占有重要的地位，在今天还具有广泛的影响。

肉类入菜一般多用煎、烤、烹、炸。煎、炸因要用油，出现得晚些，而烤和烹（即煮）早在原始社会就出现了。古代烤肉曰炙。《孟子》中曾说"脍炙"好吃，脍是切细的鱼、肉，炙即烤,后来演变出"脍炙人口"的成语。古代鲜肉一般用火炙,就像今天的烤羊肉串。西汉马王堆1号西汉墓的遣策(即随葬品清单)中记有牛炙、牛肋炙、豕炙、鹿炙和炙鸡等。汉代画像石常见烤肉串的图像。烹肉不像现在的炖肉,不在煮的同时加调料,第一步白煮,"不致五味",第二步"以汁和",将煮好的白肉放进热酱汁中濡染加味,方才进食。南北朝以前,烤、烹一直是肉类菜肴的主要加工手段。直到4~5世纪,由于植物油料的使用,滚油快炒的技法才发展起来,在《齐民要术》中才有明确的反映。

3. 压榨出油
——油料加工技术

我国油料作物的种植历史可以追溯到秦汉以前,但直到东汉中后期的历史文献中都没有出现对植物油加工利用的相关记载。在汉代以前,动物油是食用油的主要来源,称为脂或膏,脂是固态的动物油,膏是液态的动物油。提炼方法是把动物的油脂剥下来切成块进行炒制,炼出膏,冷却后凝为脂。

最早用来加工成油的油料作物是芝麻,其次是油菜和大豆,再次是花生。大约在东汉末年和三国时期,我国已经开始提取和使用植物油。崔寔在《四民月令》中记载了苴麻子可以捣治作烛。《三国志·魏志》记载孙权攻取合肥时利用芝麻油作为照明燃料。可见早期植物油主要的用途并不是加工食物,而是作为照明原料和军事活动上的助火燃料。魏晋南北朝时期,人们对植物油的认识和利用有了大幅度的提高。西晋张华的《博物志》记载了利用芝麻油制作豆豉的方法。北魏贾思勰的《齐民要术》记载了植物油在多种饮食加工中的利用。宋代开始利用油菜籽和大豆榨油,苏东坡在《物类相感志·饮食》中有"豆油煎豆腐有滋味"的描述。元代《王祯农书》详细记载了我国古代的榨油工具和榨油技术。明代宋应星《天工开物》全面介绍了

图 5-3-1 油 升

十余种油料作物的产油率、油品性状以及榨油方法,说明明代末期我国古代油料加工技术已经趋于成熟。花生油则是到了清代才开始出现,是诞生的最晚的植物油,但因其含油量高,很快就成为重要的油料作物。

我国古代的油料加工技术主要有春捣法、水代法、压榨法和石磨法。春捣法是文献所见最早的制油技术,汉代崔寔《四民月令》记载"苴麻子黑,又实而重,捣治作烛",就是将大麻籽用杵臼类工具春捣提取油脂。以春捣法制油,技术简便、成本低,适合一般家庭自产自用。据《齐民要术》记载,只是在田边地头种植少量大麻,就"足供美烛之费也",但春捣法仅适用于加工含油量高的油料。不过,明代《天工开物》记载当时朝鲜仍用春法"以治

胡麻"。水代法是我国传统制油技术，是将水加到经过预处理（蒸煮、研磨等）的油料中，利用非油物质对油和水的亲和力不同，以及油、水比重不同而将油脂分离出来。这项技术最早见于元代忽思慧所著《饮膳正要》，用于加工杏子油。此后也用于加工芝麻油、蓖麻油等。水代法也比较适合小规模生产，技术难度低，制取的油杂质少、纯度高，但出油率不如压榨法高。压榨法是先把炒熟的原料进行碾磨，随后将碾碎的油料包放在铁箍里，再放入油榨车的木槽内，用木楔打紧加压，榨取食油。直到唐代中期，杠杆式压榨法已经发展成熟。楔式压榨法的出现使可加工处理的油料从大麻子、芝麻、苏子等扩大到茶籽、大豆、菜籽、花生等硬度较大的油料，且出油率大大提高，是真正适于大量生产和商品化发展的加工技术。石磨法是将原料蒸熟或炒熟后用石磨研磨出油，但仅适用于容易出油的芝麻，故所用范围有限。

图 5-3-2　油菜收籽

图 5-3-3　榨　油
（李任标　摄）

4. 果脯蜜饯
——果品加工技术

　　我国古代对水果的加工方式相当丰富，主要有果干、果酱、果酪、果粉、果饼、果酒、腌渍（蜜饯）果品等。

　　果干是利用自然干燥或用火焙干加工而成。《周礼》中所说的"干撩"，即用此法制成的梅干。我国古代干制的果品种类很多，如葡萄干、红枣、栗子等。《齐民要术》中记载了当时人们制作葡萄干的方法，是在葡萄中拌入一些蜂蜜和动物脂肪，煮开后捞出阴干而成，与现在的葡萄干加工方法有所不同。乌梅采取烟熏方法干制，加工后的成品可以下酒或作羹汤的调料。荔枝干出现于宋代，桂圆干出现于元代，《王祯农书》记载了"龙眼锦"的制作方法，是将桂圆用梅卤浸泡，晒干后火焙制成的。

果酱是将果品熟煮加调料制成。枣、杏、梅等都可作为加工果酱的原料。西周及春秋战国时已有原始的果酱，《夏小正》有煮梅和煮桃的记载。著名的江南梅酱，在明代的《群芳谱》中已见著录。

果酪是水果或果仁做成的糊状食品，古代以杏酪最为有名，又称杏仁茶。杏酪微酸，可以解暑热，李昉《太平御览》记载人们"仲夏荐杏酪"。唐末五代人韩鄂《四时纂要》（夏令卷三）记载了一种做杏酪的方法，并认为杏酪加配蜜、苏子、薏苡汁等物煎饮，可治"一切风及百病，咳嗽上气、金疮、肺气、惊悸、心中烦热、风头病"。

果粉是将酸枣、杏、李等新鲜水果的果肉研烂，取汁去滓，然后将果汁曝干，再磨细过筛，留下粉末，类似于现在的酸梅粉和果珍等饮品。果粉既可以用水冲制，也可以拌入其他主食中食用，增进口味。北魏《齐民要术》和元代《农桑辑要》都有关于果粉加工的详细记载。

果饼用晒压或渍压方法制成。橘饼和金橘饼的相关记载已见于宋代《橘录》。元代《王祯农书》中记有柿饼的做法，将柿子去皮，压扁后暴晒，再放入瓮中，等出霜后就可以食用了。

果酒是用水果酿成的酒类。据《林邑记》的记载，西汉时有杨梅酒，当时称为梅花酐。葡萄酒在西汉时流行于西域，三国时期曹丕称赞葡萄酒比粮食酿的酒更甜美，唐代葡萄酒十分风靡，文人墨客多有赞美的诗句传世，最为著名莫过于那句"葡萄美酒夜光杯，欲饮琵琶马上催"了。

腌渍果品只要是用盐、蜜、糖等腌制，也有用灰渍的。现在我们称之为蜜饯，古称蜜煎，用蜂蜜煎煮而成。三国时《吴历》有"蜜渍梅"的记载，应该是用蜂蜜腌制的梅子。南北朝时发展成盐腌蜜渍，《齐民要术》中记载的"蜀中藏梅法"就是用盐和蜜同时对梅子进行腌渍处理。而对木瓜进行腌渍时，又使用了灰渍的方法，是将木瓜埋入热灰中进行脱水处理，有时还会添加醋、豉汁、浓杭汁等增加腌渍果品的风味。到明代又形成了盐曝、糖藏、蜜煎的加工法，使加工品质逐步提高，终于形成了我国特有的蜜饯果品。

图 5-4-1　柿饼制作图

5. 日晒盐腌
——蔬菜加工技术

我国是世界上蔬菜资源最丰富的国家，也是蔬菜生产和消费的第一大国。蔬菜又是人体维生素和矿物质的主要来源，是人们日常生活不可或缺的食物。

采收后的蔬菜仍是活的有机体，在贮藏期间蔬菜中含有的糖、淀粉和酸等有机物质将被不断消耗。同时微生物的活动，又是蔬菜败坏的主要原因。此外，蔬菜的生产是有季节性和地域性的。因此，将旺季过剩的新鲜蔬菜和一些地区的特产蔬菜进行适当的加工，有利于调节蔬菜生产的淡旺季和不同地区蔬菜市场的需求。我国古代先民在蔬菜加工方面，积累了许多有效经验和做法。

图 5-5-1　紫菜收晒

腌菜在我国出现很早。《诗经·信南山》："疆场有瓜，是剥是菹"，"菹"即腌制。古代主要用盐渍法进行叶菜类的加工。《周礼》中有许多蔬菜作菹的记载。菹主要是利用食盐使蔬菜生理脱水，或利用乳酸发酵来加工蔬菜。其中盐腌咸菹主要是利用食盐溶液的强大渗透压，造成蔬菜和微生物生理脱水来达到保藏的目的，是我国历史上最早出现的化学加工保藏法。经过长期的积累，到北魏时期，作菹已经成为最为流行和广泛应用的蔬菜加工保藏方法，无论是栽培蔬菜还是野生蔬菜，叶菜、根菜、瓜蔬还是菌类，都可以加工成菹食用。此外，主料与配料的搭配及用量、酿制时宜及时间长短和温度的控制上也都有一些特别要求，反映出当时人们经验地利用微生物和生物化学技术进行蔬菜加工已经达到了相当高的水平。到元代，加工时所使用的脱水、用盐、搓揉、压石、倒菜等措施，基本已和今日相同。除腌菜外，菜干、酱菜、泡菜、淀粉等都是传统的蔬菜加工制品。菜干的加工方法与果干基本相同，历史也久。到明代，除菜干外，已有瓜干、萝卜干等干制品。酱菜是先用盐渍再用酱腌制而成。初以茎菜和根菜类酱菜为主，汉代已有酱瓜。另一类用糖醋腌制而成的酱菜，最早见于《食经》，著名的醋大蒜出现于明代。泡菜是一种酸渍菜，用米汤、面汤加大蔬菜发酵而成，如北方著名的酸白菜，早在《齐民要术》中就有记载。淀粉是将富含淀粉的蔬菜的根、茎或果实经磨研、过滤、沉淀而制取，主要有薯粉、藕粉、菱粉等。藕粉的加工记载初见于宋末元初《寿亲养老新书》。随着现代科技的进步，如今罐装蔬菜、速冻蔬菜已经越来越普及。

6. 盐腌泥裹
——禽蛋加工技术

禽蛋类食品营养丰富，是人体所需蛋白质的优质来源。我国古代发明了多种禽蛋加工办法，包括咸鸭蛋、松花蛋、糟蛋等，基本都使用腌制法。咸鸭蛋和松花蛋是我国最受欢迎的风味蛋，经过历史的演变，还形成了端午节吃两蛋的习俗。

我国制作咸鸭蛋可谓历史悠久。北魏时期的《齐民要术》记载了腌制咸鸭蛋的方法，时称杬子法，用杬树皮煮汁 2 斗，趁热放入 1 升盐，搅拌至融化，等到汁液冷却后放入瓮中，再放入鸭蛋，1 个月左右就可以食用了。

松花蛋又名皮蛋，或称变蛋，明代称牛皮鸭子。相传在明代万历年间，江苏吴江县一家小茶馆的老板很会做生意，所以买卖兴隆。由于人手少，店主在应酬客人时，往往习惯随手把泡过的茶叶倒在炉灰中。而店主养的几只鸭子爱在炉灰堆中下蛋，主人拾蛋时，难免有遗漏。一次店主在清除炉灰茶叶渣滓的时候，发现了不少鸭蛋，他以为不能吃了。谁知剥开一看，里面黝黑光亮，上面还有白色的花纹，闻一闻，一种特殊的香味扑鼻而来；尝一尝，鲜滑爽口。这就是最初的松花蛋了。

图 5-6-1　咸鸭蛋（江苏句容周代土墩墓群出土）

明代戴羲的《养余月令》和方以智的《物理小识》等书都记载了松花蛋的详细加工方法。据《养余月令》记载，腌制皮蛋，先将菜煮成汁，并放入松针、竹叶数片，等温度降低后与盐、木灰和石灰混合调匀，用来腌制洗净的鸭蛋。每 100 个鸭蛋用 10 两盐、5 升木灰、1 斗石灰。腌制后装入坛中，3 日后取出，上层与底层调换顺序，装入坛中，3 日后再次取出调换顺序，如此共 3 次，密封腌制 1 个月左右就能食用。经过特殊的加工方式后，松花蛋会变得黝黑光亮，上面还有白色的花纹，闻一闻则有一种特殊的香气。

图 5-6-2　松花蛋

松花蛋为何会形成白色的花纹？禽蛋经过长时间放置，蛋白中的部分蛋白质会分解成氨基酸。这些氨基酸会与制造松花蛋的泥巴里加入的一些碱性物质（如石灰、碳酸钾、碳酸钠等）化合生成氨基酸盐。这些氨基酸盐不溶于蛋白，于是就以一定的几何形状结晶出来，形成了漂亮的松花。松花蛋的蛋黄吃起来比普通禽蛋更为鲜嫩也是因为蛋黄中的许多蛋白质分解成了氨基酸。

此外，糟蛋和醉蛋的加工也很有特色。浙江平湖糟蛋的制作过程主要分为酿酒制糟、选蛋击壳（壳破而膜不破）、装坛糟渍。糟蛋蛋膜完整，颜色晶莹，酒味浓烈，咸中微甜，余味绵长，且久贮不坏。上海醉蛋是将蛋浸在酒和酱油中腌渍而成，分生醉和熟醉两种。成品醉蛋蛋白细腻，蛋体饱满完整，香味纯正而浓郁，最宜生食。

图 5-6-3　糟　蛋

7. 奶酪酥油
——乳类加工技术

　　乳及乳制品是我国古代北方、西北方民族的重要饮品和食物，无法靠蔬菜和水果来补充的维生素和矿物质，都可以从乳制品中获得。在古籍《释名》《周礼》和《礼记》中都有关于乳和乳制品的相关记载，多被作为草原游牧民族较为独特的饮食，中原及南方地区的人们食用不多。西汉司马迁《史记·匈奴传》中有"得汉食物皆去之，以示不如湩酪之便美也"，说的就是匈奴族喜食乳制品的习俗。西汉时，"酪"成为乳制品的专称，中原地区也开始制作奶酪了。

　　到魏晋南北朝时期，由于北方游牧民族的大量涌入，胡汉饮食文化的交流趋于频繁，对乳制品的推广起到了促进作用，食用奶酪的风气一度较为流行。当时贾思勰所著《齐民要术》一书详细记载了多种乳制品加工方法，包括作酪法、作干酪法、作漉酪法、作马酪酵法和抨酥法等。

　　唐代由于多民族的政治和文化背景，乳制品消费达到前所未有的高峰，甚至影响到当时的语言艺术，唐代诗人韩愈就有"天街小雨润如酥"的诗句传世。

　　到了元代，作为统治者的蒙古族仍旧遵循食用乳制品的饮食习惯，马奶酒、奶酪、黄油和各种奶制品在食物中具有重要地位。这种习惯也传播到远在国界南端的云南，形成了极具地方特色的乳扇，至今人们仍在制作食用。但随着蒙古统治的终结，人们对乳制品的利用大为减少。改革开放后，为了增强民族体质，牛奶及乳制品的普及达到前所未有的高峰。今天，我国已成为世界第三大原奶生产国。

　　我国古代的乳制品主要有两类。一是奶酪，是古代最常食用的乳制品。主要是利用发酵加工而成，《齐民要术》详细记载了奶酪的加工办法，大致可分为煎煮乳汁、捞取浮皮、过滤乳汁、加入酵母、保温发酵几道程序，可见当时的奶酪大致类似于我们今天所说的酸奶。奶酪因加工方法的变化，其成品又可细分为普通奶酪、酸奶酪、干酪、湿酪等。另一种是酥，又称酥油，我们称为黄油。制作程序是收集乳酪中上浮凝结的乳皮，煎去乳清，加热水研磨，再加冷水，煎炼成酥，与现代游牧民族传统的黄油加工方法基本相同。酥因加工程度不同又可分为生酥、熟酥、醍醐等。《涅槃经》记载："牛乳成酪，酪生成酥，生酥成熟酥，熟酥成醍醐，醍醐是最上品"，基本反映了酥的加工种类。醍醐相当于我们现在所说的精炼黄油，是最上乘的酥。醍醐因量少不易得到，因而格外珍贵。李昉《太平御览》记载了东晋时期，前燕与东晋交好，双方来往比较频繁，前燕国王曾以 10 斤醍醐作为礼品赠送给东晋大臣，可见醍醐在当时的珍贵。因其珍贵，古代醍醐的主要用途是医用药品或化妆品。

8. 植物蛋白
——豆制品加工

　　大豆作物是由我国先民在新石器时期培育的。汉代以前，大豆和粟并列，是当时主要的粮食作物。战国时期的文献多次提到粟菽（大豆）多则民足乎食，粟菽不足则民将暴乱，大豆种植的数量被提升到国家安定与否的高度。到了汉代，大豆已逐渐向副食品方向发展。到明代，豆类"已全入蔬饵膏馔之中"，不再作粮食利用。

图 5-8-1　汉代豆腐制作画像石拓片

　　大豆是唯一一种国际公认的中国原产的谷物，大豆和豆腐是我国对世界饮食文化的一大贡献。相传豆腐是淮南王刘安发明的。刘安是汉高祖刘邦之孙，袭父爵为淮南王。传说其在八公山上用大豆炼丹，偶然发现豆浆的凝固现象，逐渐试做出豆腐，后传至民间。宋代理学家朱熹曾感叹："种豆豆苗稀，力竭心已腐。早知淮王术，安坐获泉布。"河南密县打虎亭1号汉墓中有一幅豆腐加工作坊图，形象刻画了磨豆粉、煮豆浆、滤豆渣、点卤水、压制成型的豆腐加工过程。满城汉墓还出土了一种专门用来磨浆的石磨，由木架支撑，漏斗下放置容器可以收纳米浆或豆浆。

　　但人们对大豆的加工并不局限于豆腐，在文火熬煮豆浆的时候，挑起表面形成的薄膜，晾干便是腐竹。而豆腐，也会因再加工的方式不一，而变成不同的品类——小块豆腐经过干燥可以加工成豆腐干，经过熏制可得熏豆腐，经过冷冻可以制成冻豆腐，油炸后得到豆腐泡，如果经过发酵还能制成腐乳、臭豆腐、毛豆腐等，极大地丰富了我们的餐桌。

　　2 000 多年来，随着中外文化的交流，豆腐不但遍及全国，而且走向世界。自 20 世纪 80 年代以来，世界饮食营养科学界兴起一股引人瞩目的豆腐热，高蛋白、低脂肪的豆腐食品越来越受到世界人民的喜爱，成为科学界一致推崇的美味保健的营养佳品。今天，世界人民都把品尝我国豆腐菜看作一种美妙的艺术享受，豆腐就像我国的茶叶、瓷器、丝绸一样享誉世界。

　　豆类的加工品除豆腐外，还有豆豉、豆酱、酱油等。豆豉是用煮熟的大豆加盐发酵制成的，在汉代成为日常饮食生活中的重要消费品之一。司马迁在《史记·货殖列传》中记载汉代都市中经营豆豉生意的店铺有的规模极大，汉代长安的七大富商中有两个是经营豆豉的，说明当时的豆豉经营已经高度商业化了。唐代鉴真和尚东渡日本时，把豆豉及大豆发酵技术带到了日本，成为日本人喜欢的调味品，称为纳豆。

豆酱是利用豆、麦等谷物发酵而成的调味品。汉代《四民月令》记载一月做豆酱，当时称为"末都"。唐代做豆酱时将豆和麦一起发酵成酱黄，晒干备用，用时加水调盐就可以晒酿成豆酱。酱油的制作方法和豆酱基本相同，只是加水较多。酱油是在豆豉和豆酱的加工过程中产生的调味品。《齐民要术》中已有用"豉汁""豆酱清"作调味品的记载。《四时纂要》所载以咸豉汁"煎而别贮之"所得的产品，即最早的酱油。到元代已有酱油之名，并有了制造专法。

9. 伏晒抽冰
——传统酿醋技艺

醋是烹饪中常用的一种液体酸味调味料，是我国老百姓开门七件事"柴米油盐酱醋茶"之一。酿造醋是以粮食为原料，通过微生物发酵酿造而成。

我国山西流传着"杜康造酒儿造醋"的故事。相传今山西省运城地区有个叫杜康的人发明了酒，他儿子黑塔也跟他学会了酿酒技术。后来，黑塔率族移居现江苏省镇江。在那里，他们酿酒后觉得酒糟扔掉可惜，就存放起来，在缸里浸泡。到了 21 日的酉时，一开缸，一股从来没有闻过的香气扑鼻而来。在浓郁的香味诱惑下，黑塔尝了一口，酸甜兼备，味道很美，便贮藏着作为"调味浆"，并用"二十一"日加"酉"字来命名这种酸水叫"醋"。

醋在我国有 3 000 多年的历史。《周礼》有"醯人掌共醯物"的记载，说明我国食醋西周已有，当时设有专门掌管食醋及醋渍食品供应的官员。晋阳（今太原）是我国食醋的发祥地之一，公元前 8 世纪晋阳已有醋坊，春秋时期遍及城乡。至北魏时《齐民要术》共记述了大酢、秫米神酢等 22 种制醋方法。唐宋以来，微生物和制曲技术不断进步和发展，至明代已有大曲、小曲和红曲之分。

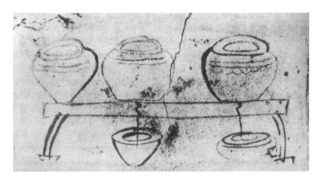

图 5-9-1　魏晋时期滤醋壁画

传统酿醋需要经过原料的破碎、润料、蒸料、发酵等 16～17 道工序，酿造醋的主要原料是高粱、麸皮、稻壳料。酿醋的整个过程需要 40 天到 3 年左右时间，一般酿造 40 天的醋为普通食醋，酸度为 3.5°。经过夏暴晒冬捞冰、三冬三夏才能酿造成陈醋，酸度达到 5°左右。真正的好醋就像酿酒一样，发酵的时间越久，醋越醇香。经过多年酿造成的醋才能称得上老陈醋。

历史上最著名的醋是江南的镇江香醋和华北的清徐老陈醋。镇江恒顺香醋酿制技艺具有三大特点：一是原料考究严格。选用"鱼米之乡"的绿色糯米为原料，粒大、晶亮、润白、饱满的优质糯米淀粉含量高，糖化力极强，是理想的做醋原料。二是发酵工艺独特。恒顺香醋的发酵工艺分制酒、制醅、淋醋三大过程，大小40多道工序，从前至后大约需要60天时间。三是储存方式不同于一般。恒顺醋的储存不仅时间长，而且对容器和储存环境均有特殊的要求。煎煮过的熟醋被倒进特制的陶罐中，置于通风透气或者露天的环境下，经过风吹、日晒、雨淋，至少存放半年以上。

清徐老陈醋是以当地种植的红高粱为主要原料，以各种皮糠为辅料，以豌豆、大麦制成的大曲为发酵剂，以固态发酵替代液态发酵。出缸淋好的醋，还要放在缸里，进行一年的陈酿，进行伏晒和抽冰，形成了一套北方风格的高级食醋酿制技艺流程。一缸新醋，除去一半以上的水分后，便达到颜色黑紫、过夏不霉、过冬不冻，气味甘甜异酸，风味独特，被列为我国四大名醋之首。

10. 冰鉴冷藏
——古代保鲜技术

蔬菜水果是人们日常饮食的重要内容，但鲜活易腐，不易保存。我国先民很早就认识到蔬菜和水果保鲜的基本原理，即通过各种手段降低其呼吸作用，减少能量消耗，以延长保鲜期限，因而发明了多种多样的保鲜技术。

在夏商西周时期，我国已创造了冷藏保鲜技术，开始用天然冰冷藏食物、酒醴及尸体。《夏小正》曰"二月，颁冰"，即随着天气渐热，将冰窖里的冰取出来分给大臣们使用。西周时，已经有"凌人"的官职设置，专门负责采冰、贮冰、藏冰、颁冰和管理冰窖等工作，采集天然冰成为每年冬天的农事活动之一。《诗经·豳风·七月》载"二之日凿冰冲冲，三之日纳于凌阴"。"凌阴"是古代贮藏天然冰的场所，即冰窖，可用于冷藏肉类和果蔬等。我国考古发掘出最大的冰窖是位于陕西凤翔秦都雍城宫殿中的凌阴遗址，贮量能达到190立方米。窖内四周的回廊可以存放冰鉴。冰鉴又称冰盘，是利用天然冰冷藏食物的容器。历代皇室都修建有不少冰窖，尤其是清代，除了皇家冰窖外，民间还修建了一些小型冰窖，出现了以贮冰、售冰为业的专业户，北京德胜门附近的冰窖口胡同就是以前专门从事贮冰和售冰的冰厂。

图 5-10-1　清代冰鉴

常温环境下的保鲜技术主要有沟藏和窖藏法、液体保鲜法、留树保鲜法、混藏保鲜法、器物贮藏法和蜡封保鲜法等。沟藏和窖藏法主要是利用深沟和地窖等土壤温湿度较为稳定的特点进行蔬菜和水果的保鲜。距今 7 000 多年前的河北武安磁山新石器时代的遗址中已经使用了这种保鲜方法。历代农书对沟藏窖藏法多有记载。魏晋南北朝时期贾思勰的《齐民要术》记载了沟藏蔬菜，窖藏生姜、梨和葡萄的保鲜方法。唐代韩鄂的《四时纂要》记载了窖藏萝卜、蔓菁、韭菜和紫苏的保鲜方法。元代《农桑辑要》记载了窖藏菠菜的保鲜方法。明代徐光启的《农政全书》记载了深沟贮梨和地窖贮甘蔗的保鲜方法。明代史籍还有窖藏芋头和大白菜的记载，清代道光皇帝曾作诗称赞窖藏大白菜："采摘逢秋末，充盘本窖藏"。

液体保鲜法是利用浸泡液改变蔬菜或水果的内部组织，使其不腐烂，从而达到长久保存的目的。我国古代有利用盐矾水浸泡柿子、草木灰水浸泡柿子或干栗、盐水浸泡板栗来保鲜的相关记载。

留树保鲜法是在自然条件下，果实成熟后不摘，将其包裹于树上，过冬再摘，也能达到一定的保鲜效果。

混藏保鲜法是利用一种植物对另一种植物呼吸作用的抑制效果，将不同的蔬菜水果相间收藏来达到保鲜的目的。梨与萝卜、金橘与芝麻或绿豆、松树落叶与金橘等混藏保鲜在《农政全书》中均有记载。

器物贮藏法是将蔬菜水果放入具有保鲜功能的缸、坛、瓷瓶、竹筒等器物中进行贮藏，如瓮藏萝卜、竹筒或锡瓶密封贮藏柑橘、竹筒密封贮藏荔枝和樱桃等。这种方法的贮藏原理和近代的气调贮藏基本一致，可以说是古代我国贮藏技术的一大创造。杨贵妃爱吃荔枝的故事家喻户晓。荔枝生长在南方，保鲜难度特别大，又是如何运到遥远的长安而不变质呢？古人用的就是器物密封保鲜法：用长了 10 年的毛竹，截成 1.5 米左右，打通关节后，把荔枝带叶片一起放进去，用红泥巴封口。尔后一节节捆在马背上，一个个驿站接运。如今有了便捷的现代交通工具，广东福建的荔枝几个小时就可以运抵全国各地了。

蜡封保鲜法最早出现于隋代，当时将蜡涂在柑橘的蒂部来保鲜，《隋书》有"（隋）文帝好食柑。蜀中摘黄柑，以蜡封其蒂献之，香味不散"的记载。宋代出现了"蜡封其枝贮藏樱桃"和"蜡封其蒂贮藏茄子"的方法，清代还用蜡封其蒂保存荔枝，都是利用涂蜡来隔绝空气，降低果实的呼吸作用，还可防止细菌侵染，减少水分流失。

此外，我国古代还发明了利用晒过的细沙的防潮性来贮藏板栗、阴凉通风室内堆藏蔬菜等多种保鲜方法，因地制宜、因时制宜，减缓果蔬的自然腐坏，以供应生活之需。

六、饮料篇

1. 茶树喜阴雨宜短日照
——高山出好茶

我国被称为茶的故乡，我国人工栽培茶树距今有3 000多年的历史了。那么我们的祖先是如何发现茶叶的呢？传说在三皇五帝时代，神农为了替民众治病，遍尝百草，了解各类草药的特性，一天之内身中七十二种毒。后来，他无意间发现茶这种植物虽然模样平凡，但吃下之后却能解除身上的毒性。由此，茶才逐渐被人们所认识和接受。可以说，茶本是一片树叶，最初只是被当作一味解毒的药方。而几千年前，经由中国人的双手，茶最终变为一道可口的饮品，走向五湖四海。

图 6-1-1　茶树喜阴雨宜短日照—茶园晨曲

先民对茶树生长习性和环境的认识是经过长期实践和反复观察得来的，这为茶树的人工栽培奠定了科学理论基础。东晋时期的书籍中就曾讲到茶树的外部形态，说明它是一种常绿灌木，而且是一种叶用植物。但在唐朝以前，人们对茶树的认识还远远没有系统地形成一门科学。直到唐朝时，竟陵人陆羽经过调查研究，写出了世界上第一本茶书——《茶经》，才对茶树的形态特征有了比较具体的描述。书中写道："茶者，南方之嘉木也""其树如瓜芦，叶如栀（zhī）子，花如白蔷薇，实如栟榈（bīnglǘ），茎如丁香，根如胡桃"，对茶树、叶、花、果、茎、根的特征都做了形象化的描述。在以后的茶书中，也有一些关于茶树形态特征的描述。由此可见，在近代植物学出现之前，我国古代劳动人民对茶树的形态特征已经有了一定的认识。

图 6-1-2　云南普洱古茶园与茶文化系统

种植茶树、设立茶园，选址是十分重要的。茶树的生长与发育到底对环境有什么样的要求呢？《茶经》在讲到茶树种植与土壤的关系时认为，夹有岩石碎屑的土壤适于茶树生长；在砾壤中茶树生长难以茂盛；而板硬的黄土土质贫瘠，不利于茶树生长。现代研究认为，这样的判断是比较准确的。除此以外，当时的人们已经认识到茶树是一种喜阴雨宜短日照的植物，种茶时需要适当采取遮阳措施，过多的

96

光照不利于茶树的生长，也影响茶叶的质量。不少书中都可以见到相关的描述，如"此物畏日""于树下或北阴之地开坎""桑下、竹阴地种之皆可"等。另外，茶树还怕水淹，有"水浸根必死"的特征，因此茶园最好选择在山中的坡地，如果在平地建立茶园，就一定要注意及时排水。唐代以后，人们进一步掌握了茶树的生长习性，逐渐形成了"高山出好茶"的认知。在一定高度的山区，云雾多、雨量充沛，空气湿度大，水气交融，对茶树生长十分有利，容易出产高品质的茶叶。古往今来，我国的历代贡茶、传统名茶，大多出自高山。更有许多名茶，干脆以高山云雾命名，如浙江华顶云雾、江西庐山云雾、湖南南岳云雾等。当然，平地茶园，如果能造就适宜茶树生长的生态环境，也能生产出优质的好茶。

科学研究表明，当下最大众的茶叶包括红茶、绿茶、乌龙茶、白茶和印度茶通通来自常青灌木山茶属茶树的叶子。科研人员破译了茶树的基因组，山茶属植物的叶子不仅含有大量儿茶素、咖啡因和类黄酮，还含有多个合成咖啡因和类黄酮的基因副本，解释了为什么茶叶富含抗氧化剂和咖啡因以及如何形成丰富的香气。山茶属所有植物都有提供咖啡因和类黄酮合成途径的基因，但是每个品种表达这些基因的水平不同。因此，山茶属有100多个品种，但是只有两个主要品种可用于商业制茶。这其中的差异也解释了为什么茶树的叶子适合制茶，而另一些山茶属品种的叶子不适合制茶。

2. 直播法与扦插法
——茶树繁殖技术

茶树既可以用种子繁殖，也可以用扦（qiān）插繁殖。我国早期的茶树繁殖技术一般采用直播法，也就是挖穴撒子的方式。关于这一技术最早在唐代的文献中可见记载。韩鄂在《四时纂要》中指出，种茶的时间最好在2月中旬，选择树下或背阴处挖坑，坑圆3尺，深1尺。先将坑内的土捣碎，铲除其中的杂草和树根，以免妨碍茶籽发芽生长。然后将粪与土混合作为基肥，在每一个坑里播种60～70颗茶籽，最后在上面覆盖1寸厚的土。为什么在一个坑里要播种这么多颗茶籽呢？这是因为多粒与单粒相比，顶土能力更强，胚芽的出土就会比较容易。而且一旦有的茶籽丧失了活力没有萌发，也不至于缺苗。采用茶籽直播法播种出苗后，幼苗能够连续生长，容易获得丰产，而且技术简单易行，节省劳力与费用，因此唐代以后一直沿用。

但是，直播法的种子使用量大，难以控制种子发芽的条件，幼苗在田间容易遭受高温、干旱及雨涝等灾害性天气的危害。于是从宋代开始，人们逐渐掌握了茶树种子的另一种繁殖方式——育苗移栽。这种方式需要事先在专用的地块播种育苗，等到茶籽发芽后再选择适当的时机将茶苗移栽到别处。因为育苗时占地面积较少，幼苗相对集中，育苗移栽对土地利用较为经济，便于培育和选择壮苗，节省了种子，更有利于优良品种的繁殖。比如我国云南的大部分茶区由于干湿季分明，冬、春连续少雨干旱，直播一般难以全苗，因此主要采用的就是育苗移栽的方式。

无论是直播法还是育苗移栽，都是利用茶树的种子来进行有性繁殖，但这样的方式很难保持茶树的优良种性。为了利于优良品种的保纯，人们摸索出了扦插这种茶树的无性繁殖技术。扦插也称插条，在今天是一种非常普遍的植物繁殖方法。人们剪取植物的茎、叶、根、芽等部位，插入土中、沙中，或浸泡在水中，等到生根后就可栽种，使之成为独立的新植株。这种茶树繁殖方法清代时首先在我国茶树良种资源较多的福建省创造出来，并且受到人们的重视。清代李来章的《连阳八排风土记》就有关于当时扦插法的记载："将已成茶条，拣粗如鸡卵大，砍三尺长，小头削尖，每种一株，隔四五尺远。或用铁钉，或用木橛（jué），大三四分，锤入地中，用力拔出，将插条插入橛眼，外留一分，用土填实，封一小堆。两月之后，萌芽发生。"这种长穗扦插技术，起源于福建省安溪县，并一直在当地生产中应用。中华人民共和国成立以后，安溪茶农在此基础上进一步创造出了短穗扦插法。这种技术具有节省材料、繁殖系数高、发根成苗快等优点，因此已推广到全国主要茶区。目前，世界上几个主要的产茶国家如印度、斯里兰卡等都是采用我国的这种茶树繁殖方法。

3. 品质形成的关键工序
——绿茶杀青

绿茶是以适宜茶树的新鲜芽叶为原料，经过杀青、揉捻和干燥三个主要步骤制成的，是我国先民最早发现和制作的茶，在此基础上才进一步创制了其他茶类。17世纪，荷兰人最初把绿茶带到欧洲时，欧洲人把绿茶当作包治百病的东方仙草，而英国诗人拜伦更把绿茶带入诗的殿堂，他深情地颂扬"中国的泪水——绿茶女神"。

杀青对绿茶的品质起着决定性的作用，按照加工方法的不同，杀青可以分为蒸青、炒青、晒青等。最初，古人对茶叶的处理非常简单，将野生茶树的鲜叶稍加轻揉，晒干后直接放入水中煮沸，以此作为药用或饮用，这可以看作是绿茶的原始加工。早在汉代，我国人民就开始用米粥和茶制作成茶饼备用，饮用时先将茶饼烤成赤色，然后捣成碎末加上葱、姜、橘子等辅料煎煮。唐代虽然饮用的还是饼茶，但采来茶叶后会先放入甑（zèng）（古代蒸饭的一种瓦器，如同今天的蒸

图 6-3-1　锅炒杀青

锅）中蒸，再捣碎拍成团饼焙干后封存。这种利用蒸汽杀青的方法，可以给茶叶带来更纯粹的绿色和更鲜美的口感。可以说，我国真正意义上的绿茶加工，是从公元8世纪唐代发明蒸青团茶（绿茶）制法开始的。到了宋代，人们还创制了蒸青散茶，这样更便于茶叶的保存和饮用。宋元时期是我国茶叶生产由以团茶、饼茶为主向以散茶为主的过渡阶段，杀青大多仍然沿用蒸法而较少用炒。明代是我国锅炒茶的全盛时代，炒青制法逐步推广开来，传播到各

地。时至今日，绿茶仍广泛采用锅炒杀青的方式，但少量绿茶也依然保留着蒸青、晒青等加工方法。锅炒杀青对炉火温度和操作者的水平要求极高，真正的高手在翻炒茶叶的时候就可以听出火温够不够，而且能用双手感受到茶叶最细微的变化，结束杀青的时机往往就在分秒之间。抖、磨、甩、揉，看似重复单调的手部动作，实际蕴含着万千机变。

杀青是绿茶的初制工序之一，也是其形状和品质形成的关键工序。通过高温进行杀青，可以破坏鲜叶中酶的活性，防止叶子红变，使叶绿素释放，保证茶叶冲泡后汤色碧绿、叶底翠嫩。在杀青的过程中，鲜叶上的青草气味逐渐去除，由于水分蒸发，还可以使叶片变得柔软，更利于下一步揉捻成形。由于绿茶没有经过发酵，因此更多地保留了鲜叶的天然物质，含有的营养成分也比较多，对防衰老、防癌、杀菌都具有特殊的效果，是其他茶类所不及的。

当你在繁忙的工作之余小憩（qì），冲一杯绿茶，看细嫩的芽叶们伴随着滚水注入而上下舞动、缓缓舒展，不一会儿杯中的水就变为了清亮的翠绿色。外形绿、汤色绿、叶底绿，浅啜细品，香味悠长，心旷神怡，劳累顿消，这就是绿茶的神韵。

4. 最自然的摊晾
——白茶萎凋

白茶的得名可并非因为茶叶本身是白色的，而是由于茶芽表面布满一层被称为"白毫"的茸毛，使得外观呈现出白颜色。正是有了这层外衣，才让青绿色的茶叶看起来如银似雪。白茶是我国茶叶里的瑰宝，迄今已有880余年的历史。宋徽宗赵佶（jí）在《大观茶论》中就专门用一节来论述白茶。

北宋第八位皇帝赵佶，亲自撰写了《大观茶论》，全书共20篇，对北宋时期蒸青团茶的产地、采制、烹试、品质、斗茶风尚等均有详细记述。赵佶在描述了白茶的可贵之后也曾说："芽英不多，尤难蒸焙，汤火一失，则已变而为常品。"意思就是如果加工方法不对，珍稀的白茶也会变为普通的大路货。

现今采芽茶制成银针的白茶制法，出现于清嘉庆初年。制作过程自然而简朴，只有萎凋和干燥两道程序。采茶人摘下白茶细嫩的芽叶后，不经过杀青或揉捻等工序，直接将茶叶晒干或用文火烘干，这样才能完整地保留茶叶表面的茸毛，使白毫显露。萎凋是形成白茶品质的关键工序，需要将采下的鲜叶按一定厚度均匀摊放在竹匾上，通过晾晒，使茎叶呈现萎蔫的状态。在这个最自然的摊晾过程中，鲜叶会缓慢发生一系列的变化：水分减少，叶片由脆硬变得柔软，便于揉捻成条；

图 6-4-1　白茶萎凋

叶中所含的酶类物质活性增强，促使鲜叶成分发生分解和转化，生成有利于成茶品质的有效物质。萎凋的温度、湿度、风速和时间都要控制得恰到好处，各个环节密切配合，才能生产出优质的白茶。正常而有效的萎凋，能使鲜叶的青草气消退而产生清香，并有水果香或花香，制成的茶叶滋味醇而不苦涩。传统的萎凋方法有日光萎凋（日晒）、室内自然萎凋（摊晾）以及兼用上述两种方法的复式萎凋。白茶比红茶、青茶等茶类萎凋程度都重，需要使鲜叶的水分含量由刚采摘下来的75％～80％降至40％以下。

图 6-4-2　福鼎白茶

白茶有着"绿妆素裹"的美感，而且汤色黄亮，滋味鲜醇。中医药理证明，白茶性清凉，具有退热降火之功效，海外侨胞往往将其视为不可多得的珍品。白茶的主要品种有银针、白牡丹、贡眉等。尤其是白毫银针，挺直如针的芽尖上披满白色茸毛，在众多的茶叶中是外形最优美者之一，令人喜爱。珍贵的白茶主要产于福建的福鼎、政和、松溪等地，浙江省的安吉白茶和贵州省的正安白茶也十分有名。

5. 茶味花香融一体
——花茶窨制工艺

花茶是人们利用茶善于吸收异味的特点，将有香味的鲜花和新茶放在一起闷，使茶叶吸收香味后再把干花筛除而制成的。它以优雅芬芳的香气、醇厚鲜爽的滋味博得了国内外广大饮茶者的喜爱。"茶味花香融一体，沁人心脾长精神"，无论春夏秋冬，一杯花茶在手，饮毕齿颊留香，别有一番雅趣在其中。

关于花茶的发明还流传着一个美丽的传说。很早以前，北京茶商陈古秋去南方购茶，途中在客店遇见一个少女。少女哭诉说家中贫困，无钱安葬父亲。陈古秋大为同情，便取了一些银子给她。三年后陈古秋再次路过这间客店，老板转交给他一小包茶叶，说是那位他曾帮助过的少女交送的。一天，陈古秋与朋友聚会时拿出这包茶叶冲泡，没想到异香扑鼻，在冉冉升起的热气中，那位少女双手捧着一束茉莉花出现了，但转眼又化成了一团热气。大家笑言一定是那位少女为报恩而制作了这绝品好茶，并且认为这是茶仙在提示，茉莉花可以入茶。于是，陈古秋将茉莉花加到茶中，果然制出了芬芳诱人的茉莉花茶，从此便产生了一个新的茶叶品种。

花茶的起源可以追溯到宋代。宋人喜爱对花品茶，从中发现茶叶易于吸收异味，于是出现了引香入茶的萌芽。据史料记载，当时人们开始在茶叶中掺入龙脑香（也称龙涎香，是抹香鲸肠内的一种分泌物）来提味。不过由于龙脑香香味过于浓烈，影响到茶叶本身的真味，这种方法最终未能得以发展。不过，这可以说是中国花茶窨（xūn）制的先声。明朝是我国茶类大发展的时期，绿茶大量生产，条索状的散茶开始流行，这些都为花茶生产奠定了基础。花茶窨制方法有了很大的发展，出现"茶引花香，以益茶味"的制法。当花盛开时，人们以纸糊竹笼两层，上层置茶，下层放花，密封放置。经过一夜的时间，打开竹笼将里面的旧花换成新鲜的，再密封好。如此数日，茶叶就自然带有了芳香的气味。到了清代，原料选择、取花量、窨次、焙干等窨茶法愈发成熟，与现行的工艺原理基本相通。

花茶窨制的原理简单来说就是鲜花吐香和茶胚吸香的过程。拿茉莉花茶来说，茉莉鲜花的吐香是一种生物化学变化。成熟的茉莉花在温度、水分、氧气等作用下，不断分解出芬香物质。茶胚吸香则是在物理的吸附作用下发生的，吸香的同时也会吸收大量水分，在湿热作用下就发生了复杂的化学变化。经过窨制，茶汤从绿色逐渐变为黄亮，滋味由淡涩转为浓醇，从而形成了花茶特有的香、色、味。

图 6-5-1　花茶窨制

根据所用香花品种的不同，可以分为茉莉花茶、玉兰花茶、桂花花茶、珠兰花茶等，其中又以茉莉花茶的产量最大，所以后来所说的花茶基本指的都是茉莉花茶。从清代咸丰时期开始，福建所产的茉莉花茶运销北京，深受北京市民的喜爱。今天，像"张一元""吴裕泰"等一些蜚声海内外的老字号茶庄，就是在这一时期建立的。

6. 茶马交易促成的发酵工艺
——黑茶渥堆

黑茶是利用微生物发酵的方式制成的一种茶叶，属全发酵茶。由于它的原料粗老，叶片大多呈现暗褐色，因此被人们称为黑茶。黑茶主要有湖南黑茶（茯茶）、四川藏茶（边茶）、云南黑茶（普洱茶）、广西六堡茶、湖北老黑茶及陕西黑茶（茯茶）。

黑茶最初是怎样产生的呢？这可以追溯到唐宋时茶马交易的中早期了。那时，生活在康藏等地区的人们创造了喝酥油茶的生活习惯，可是藏区却不产茶

图 6-6-1　茶马古道上的马队

叶。在内地，民间役使和军队征战都需要大量的骡马，但却供不应求，而藏区和川、滇边地则产良马。于是，具有互补性的茶和马的交易即"茶马互市"便应运而生。茶马交易的茶是从绿茶开始的，商旅们用马驮着绿茶从四川雅安和陕西的汉中出发，经过2~3个月才能抵达西藏进行贸易。在这期间，由于没有遮阳避雨的工具，雨天茶叶常被淋湿，天晴时又被晒干。到达目的地之后人们惊讶地发现，茶叶在外形和味道上与最初相比都发生了很大的变化。事实上，正是旅途中这种干、湿互变的过程导致了茶叶在微生物的作用下发酵，从而产生了品质完全不同的茶品——黑茶。从此，越来越多的人喜欢上了黑茶的味道。随着黑茶需求量的增加，茶人们开始探索一种类似的方法能够加速茶叶的发酵陈化，于是最终产生了渥（wò）堆法这道制茶工序。

制作黑茶的基本工艺流程包括杀青、初揉、渥堆、复揉、烘焙，而渥堆正是形成黑茶色香味的关键性工序。渥堆要在背窗、洁净的地面上进行，避免阳光直射，室温需要控制在25℃以上，相对湿度保持在85%左右。茶坯经过初揉后要立即堆积成大约1米高的茶堆，然后在上面加盖湿布、蓑衣等物品，以保温保湿。为了保证渥茶均匀，整个渥堆过程中还要进行一次翻堆。堆积24个小时左右，茶坯表面就会出现水珠，茶叶的颜色也会由暗绿变为黄褐，并且带有一种酒糟气味或酸辣气味。怎样就算渥堆成功了呢？如果把手

图 6-6-2　黑茶渥堆

伸进茶堆里能感觉到在发热，而且茶团的黏性变小，一打即散，那就表明渥堆是适度的。这道工序看似很神秘，其实就是让茶叶在湿热的环境中堆积发酵。经过这种处理，黑茶不但能够长期保存，而且还有越陈越香的品质。在英文中，黑茶被叫作砖茶。这是因为黑茶多半都是紧压茶，硬邦邦的就像砖头一样。

对于喝惯了清淡绿茶的人来说，初次品尝黑茶时恐怕会有些不习惯，因为它的茶汤颜色红亮，入口有一种醇厚的陈香味。但是只要坚持长时间饮用，人们就会喜欢上黑茶这种独特的浓醇风味。我国西北少数民族的人们长期生活在高寒缺氧的环境下，日常食物以牛、羊肉和奶酪为主。喝黑茶不仅能驱寒暖身，还能去除肥腻解荤腥，因此他们特别喜爱黑茶，有"宁可三日无食，不可一日无茶"的说法。

7. 无意中的发现
——黄茶闷黄

黄茶起源于明末清初，是从绿茶演变而来的，其品质特点是"黄叶黄汤"。它是在炒青绿茶的过程中增加了一道焖堆渥黄工序，经焖堆后绿叶变黄，再经干燥制成的。黄茶是沤

茶，在沤的过程中，会产生大量的消化酶，有利于保护脾胃。它的鲜叶中天然物质保留有85%以上，有利于防癌、抗癌、杀菌、消炎。

图 6-7-1　黄芽茶

可能你想象不到，黄茶的发明缘自制茶过程中的一个失误，是先人在无意中的发现。早先，人们在炒青绿茶的过程中发现，如果杀青、揉捻后干燥不足或者不及时，茶芽的叶色就会发黄。本该翠绿的茶叶变成了黄色，这对绿茶来说可是品质上的错误。明代《茶笺》中就详细记述了绿茶制造时，为防止茶叶变黄而采取的措施。随着制茶技术的发展人们逐渐认识到，在湿热条件下引起的黄变，如果掌握适当，也可以改善茶叶的香味。制茶者们由此受到启发，经过不断摸索，生产出了茶叶的新品种——黄茶。

黄茶是一种分寸感极强的茶，做茶的火候必须恰到好处，即使最有经验的老师傅也难保每次都能成功。它既保持了绿茶的鲜香，又多了一份柔和的特质。黄茶的制作工艺与绿茶非常相似，都要经过杀青、揉捻、干燥等工序，而最大的区别就在于"闷黄"，形成黄茶金黄的色泽和醇厚的茶香就都靠它了。为了创造出适当的湿热环境，闷黄时人们会将处理过的茶叶趁热用纸包好。由于纸是透气的，包好之后不会把茶叶闷坏，也可以将茶叶堆积后用湿布盖上。闷黄的时间有多久呢？那可就要因茶而定了，因为叶子含水量的多少和叶表温度都是影响闷黄的主要因素。湿度和温度越高，变黄的速度就越快，闷黄的时间一般从几十分钟到几个小时不等。闷黄是一种湿热作用，它的基本原理和黑茶渥堆发酵是相同的。在水和氧的参与下，依靠一定的热量，可以使经过杀青和揉捻后的茶叶内含物发生一系列的热化学反应，从而产生与其他茶类不同的色、香、味。

黄茶是我国的特产，著名的黄茶有很多种，按照鲜叶的老嫩程度，黄茶又可以分为黄芽茶、黄小茶和黄大茶3类。像君山银针、蒙顶黄芽和霍山黄芽就属于黄芽茶；湖南宁乡的沩（wéi）山毛尖、浙江的平阳黄汤等均属黄小茶；而安徽皖西金寨、霍山、湖北英山和广东大叶青则为黄大茶。

8. 身披朱色的秘密
——红茶"发汗"

红茶是在绿茶的基础上创制出来的，属于全发酵茶，发酵程度可以达到95%。它是以适宜茶树的新鲜芽叶为原料，经过萎凋、揉捻（切）、发酵、干燥等一系列工艺过程精制而成的茶，因为其干茶的色泽和冲泡的茶汤都以红色为主调，故而得名。

许多人可能并不知道，世界上最早的红茶是由我国明朝时期福建武夷山茶区的汉族茶农发明的，名为"正山小种"。武夷山市的桐木关是世界红茶的发源地，产自桐木关的正山小种红茶是世界红茶之鼻祖。

传说明朝时，一支军队由江西进入福建时路过桐木关，夜宿茶农的茶厂，睡在了准备做绿茶的鲜叶上。军队离去时，茶叶已经变软发红。心急如焚的茶农赶紧用当地盛产的松木烧火烘干，然后把这些颜色已变黑的"次品"茶叶挑到市集贩卖。本以为走霉运的农民发现第二年竟然有人要求专门制作前一年的"次品"茶叶，第三年、第四年的采购量还越来越大。于是，

图 6-8-1　正山小种

桐木关不再制作绿茶，专门制作这种以前没有做过的茶叶，而这便是如今享誉国内外的正山小种红茶。

红茶茶叶通体乌黑发亮，味道醇厚，冲泡后呈现出的红色可以与红酒媲美，其独特的香味和外观都与发酵这一制作步骤有着密不可分的关系。红茶的发酵俗称发汗，是将揉捻好的茶胚装在篮子里，稍加压紧后，再盖上温水浸过的发酵布。这样可以增加发酵叶的温度和湿度，促进酵素活动，缩短发酵时间。一般经过 5～6 小时后，茶叶就会呈现红褐色，此时再用松柴加热焙干即可。用现代的科学原理来解释的话，发酵的目的就在于使茶叶中的多酚类物质在酶的促进作用下发生氧化作用，使绿色的茶坯产生红变。经过发酵，鲜叶中的化学成分会发生很大的变化，香气物质明显增加，形成了红茶红汤、红叶和香甜味醇的特征。

19 世纪，福建的红茶风靡世界，茶叶大多销往英国，运载茶叶的主要交通工具是飞剪船。传统帆船从中国到欧洲要走一年，而当时最快的飞剪船只需要 50～60 天。运茶的航程，是以生命为代价的赌博，最先到达伦敦的飞剪船将获得超额的利润。那时，英国每个家庭用收入的十分之一购买红茶。

而今，红茶在世界各地处处留香，出口量占我国茶叶总产量的 50% 左右，客户遍布 60 多个国家和地区。经过引种，目前红茶在印度、斯里兰卡等地也都有大面积的种植和生产。

9. 绿叶镶红边
—— 乌龙茶发酵

在我国的几大茶类中，乌龙茶是独具鲜明汉族特色的茶叶品类。乌龙茶为我国所特有，主要产于福建、广东、台湾 3 个省，是经过杀青、萎凋、摇青、半发酵、烘焙等工序后制出

的茶类。它由宋代的贡茶龙团、凤饼演变而来，茶叶外观有"绿叶红镶边"的特点，冲泡之后茶汁呈现透明的琥珀色。乌龙茶品尝后齿颊留香，回味甘鲜，更难得的是还具有分解脂肪、减肥健美的功效，在日本被称为"美容茶""健美茶"。

许多人会将乌龙茶误认为是红茶的一种，事实上，它们是不同的两大茶类，在许多方面都存在差别。乌龙茶综合了绿茶和红茶的制法，品质介于二者之间，既有红茶的浓鲜味道，又有绿茶的清香。所以它和红茶虽然都身染红色，但茶叶的颜色和香味还是有很大的不同。乌龙茶茶叶的色泽讲究三红七绿，即中间70%的叶子是绿的，周围30%的叶边为红色。而且乌龙的茶汤颜色也没有红茶那么鲜艳。

关于乌龙茶的产生，还颇有些传奇的色彩。据记载，清朝雍正年间，在福建省安溪县某村里有一个退隐将军，名叫苏龙，是个打猎能手。因他长得黝黑健壮，乡亲们都叫他乌龙。一年春天，乌龙上山采茶，一头山獐突然从身边溜过。乌龙举枪射击，负伤的山獐拼命逃向山林中，乌龙也紧追不舍，终于捕获了猎物。把山獐背到家时已是掌灯时分，乌龙和家人忙于宰杀、品尝野味，已将制茶的事全然忘记了。翌日清晨，全家人才想起茶篓中还放着昨天采回的"茶青"。没想到放置了一夜的鲜叶已镶上了红边，并散发出阵阵清香，茶叶制好时滋味格外清香浓厚，全无往日的苦涩之味。于是大家经过琢磨与反复试验，终于制出了品质优异的茶类新品——乌龙茶，安溪也遂之成为著名的乌龙茶乡。

乌龙茶属于半发酵茶，与其他茶类不同，其发酵程度在60%～70%。对于乌龙茶来说，发酵这道工序也称为做青，是摇青与摊青多次交替的过程。摇青就是通过竹制的摇青机使茶叶在其中碰撞摩擦。在这个过程中，水分从茶梗往茶叶输送，香味物质也就随着水分向叶片转移。通过摇青，茶叶会因为得到水分而像获得新生一样重新复苏挺立起来。摊青则是在摇青之后将茶叶静置，水分慢慢蒸发，茶叶失水多，茶梗失水少，叶片又会呈现凋萎状态。摇青与摊青反复多

图 6-9-1　乌龙茶摇青

次交替进行，叶片的绿色逐渐减退，边缘部位逐渐变红，散发出浓郁的香味，乌龙茶的发酵便完成了。

10. 香飘四海
——茶叶及种茶、制茶技术的传播

我国是世界上最早发现和利用茶叶的国家，当今各国的茶树引种和饮茶风尚，都是直接或间接地从我国传播和演变而去的，这也是我国对世界农业文化的重要贡献之一。

我国的茶叶大体上是通过广东和福建这两个地方传播出去的，因此逐渐形成了两条"茶之路"。一条从广东经陆路输入到东欧，另一条从福建出发由海路传播到西欧。"茶之路"与海上丝绸之路基本重叠，通过这个途径，我国的茶叶与丝绸和瓷器一样源源不断的输出，成为了我国的标志性符号。

最早从我国传入茶叶生产技术的是日本和朝鲜。唐代中期，这两个国家的遣唐使归国时便带回了茶籽、茶树的种植知识和煮茶技艺。当时，日本遣唐使高僧最澄和尚就将我国浙江的茶树带回日本种植，我国的饮茶习俗由此传入日本。宋代荣西禅师曾两次到我国，并在回国后写下了《吃茶养生记》一书，这也是日本最古老的一本茶叶专著。直到现在，日本还保持着我国蒸青"碾茶"的生产特点。明、清时期，茶叶传播到了阿拉伯半岛；伴随着郑和下西洋，茶叶被传往南洋和波斯湾；而在北方塞外进行的"茶马互市"，使茶叶开始进入蒙古地区。17世纪以后，欧洲的许多国家从我国引进茶种，开始种茶。1662年，葡萄牙公主凯瑟琳嫁与英王查理二世，她的陪嫁品包括221磅红茶和精美的我国茶具。凯瑟琳酷爱饮茶，被誉为饮茶皇后。在她的影响和推动下，中国红茶成为英国上流社会的珍品，价格堪与银子匹敌。可以说，英国从认识茶到举国疯狂地爱上茶，只用了不到200年的时间。英国人重视早餐和晚餐，轻视午餐，但早晚两餐之间时间长，容易使人有疲惫饥饿之感。18世纪时，英国公爵斐德福夫人安娜就在下午5时左右请大家品茗用点心以提神充饥，深得赞许。久而久之，"下午茶"（afternoon tea）渐成风气，延续至今。

伴随着我国的茶叶及种植、制作技艺传遍世界，茶成为中西文化交流的重要内容。在这个过程中，我国的茶文化也逐步传播到世界各地，并与其他国家的文化相融合，演变成日本茶道、韩国茶礼、英国茶文化等。现在，全世界160多个国家和地区的人民有饮茶的习俗，全球饮茶人口达到20多亿。茶与咖啡、可可一起成为了风靡世界的三大无酒精饮料。

11. 对自然发酵的模仿
——人工酿造果酒和乳酒

在中国人的社会生活中，酒具有其他物品无法替代的功能。或许它不能算是日常生活的必需品，但古往今来，无酒不成礼、无酒不成宴早已约定俗成。那么，最早的酒是如何被创造出来的呢？酒的产生经历了从天然发酵到人工酿制的过程，最初它是自然界的一种天然产物，是在自然界中自然生成的。人类从发现自然酒后开始发明人工酿酒，从而造就了数千年绵延不绝的我国酿酒文化。

在农业尚未兴起的远古时代，可供先人酿酒用的原料，恐怕莫过于野果了。野果中含有的发酵性糖分与空气中的霉菌和酵菌相遇，在适当的水分和温度等条件下就会发酵成酒，这便是酒的自然酿造。我国古籍中有不少关于水果自然发酵成酒的记载。宋朝人周密在《癸辛杂识》中曾记载了这样的故事：李仲宾家有山梨园，某年收获比往年多数倍，没有卖完。因为梨子味道极好，扔掉可惜，于是他将数百枚梨子封入大瓮储藏起来，希望可以长时间保鲜。谁料时间久了，大家忘记了梨子的事情。半年之后，李仲宾在梨园中闻到酒气熏人，左思右想终于想起了那瓮山梨。打开一看，满瓮梨子都化成了清澈的液体，甘美醇香，饮后还能醉人，这就是山梨腐烂成酒的结果。元代的元好问在《蒲桃酒赋》的序言中也记载道：某山民因避难山中，发现堆积在缸中的葡萄变成了芳香醇美的葡萄酒。

除了野果以外，动物的乳汁中含有蛋白质和乳糖，也极容易发酵成酒。远古时期，随着畜牧业的形成，先民们很有可能在兽乳喝不完而自然发酵的启发下，有意识地将乳汁发酵成酒。《黄帝内经》中记载的醴酪（lǐ lào）是关于我国乳酒的最早记载。我国内蒙古、西藏、青海等地的少数民族，至今仍保留饮用奶酒的习惯。他们制作奶酒的方法十分原始，把挤下的鲜奶装在一个大皮囊或木桶中，用特制的木棍搅拌，这样可以提高温度，促使其发酵成酒。

当然，经过自然发酵而形成果酒和乳酒，并不等于说远古时期的华夏祖先已经学会了酿酒，从观察自然发酵成酒现象到有意识地进行酿造，要经历一个漫长的历史过程。这看似简单的一小步，实际上却是酿酒历史上的一大步，自然酿造阶段也就相当于黎明前的那道曙光。在从旧石器时代向新石器时代跨越的过程中，远古先民有了足以维持基本生活的食物，逐渐开始有了人工造酒的意识，从而有条件去模仿大自然生物本能的酿酒过程。第一代人工造酒所需的酿造技术比较简单，只是机械地简单重复大自然的自酿过程，将含有糖分且容易获取的野果、兽乳放置在容器中，无需任何添加剂，令其自然发酵，就可以得到含有乙醇的果酒和乳酒了。

12. 微生物酿造的伟大发现
——曲蘖酿酒

曲蘖（niè）对于不少人来说可能十分陌生，但如果说起它的另一个名字——酒曲，想必大家多少都有所了解。起初，"曲"和"蘖"合起来指的是一种东西，就是发霉发芽的谷粒。随着生产力的发展和酿酒技术的进步，曲蘖分化为曲（发霉谷物）、蘖（发芽谷物），用曲酿制的叫作酒，而用蘖酿造的则被称为醴。利用酒曲造酒，是人类酿酒史上一项极为卓越的发明。

我国先民开始使用曲蘖酿酒的确切时间已经难以查考，但酒曲的生产技术在北魏时代的《齐民要术》中第一次得到全面的总结，在宋代已达到极高的水平。自古以来，我国的酒绝大多数是用酒曲酿造的。几千年来，酒曲一直是我国酿酒的秘诀，用它酿出来的酒甘甜芳香，回味绵长。虽然我们的古人并不知道酒曲起作用的真正原因，但他们却从长期实践中认识到了酒曲的重要性，从此口口相传，代代沿用。掌握了这项技术之后，人们在酿酒时会选用稻米、大小麦、高粱等谷物作为原料，通过蒸煮使谷物淀粉糊化，再利用曲霉、酵母的代谢作用制作酒曲。发展到今天，酒曲的种类已经十分丰富了，按制曲原料可以分为稻米制作的米曲和小麦制作的麦曲；按酒曲用途可以分为酿造黄酒（米酒）的小曲和酿造白酒（烧酒）的大曲。可以说，酒曲的利用对造酒技术是一个很大的推进，大大提高了酿酒的效率。

从现代微生物的角度看，酒曲中含有几十种微生物，这种利用固体培养和保存微生物的科学原理，不仅推动了当时酿酒业的发展，而且给历代乃至现代发酵工业和酶制剂工业都带来了不可估量的影响。曲蘖酿造是我们的祖先对人类酿酒业的重大贡献，它与古阿拉伯地区的麦芽啤酒、爱琴海地区的葡萄酒酿造，并称为现代世界酿酒技术的三大发明。直到19世纪末，法国人卡尔迈特氏在研究我国酿酒药曲的基础上，分离出能起酒化作用的霉菌菌株，用来生产酒精，称为阿米诺法，才突破了酿酒非用麦芽、谷芽不可的状况。

图 6-12-1　酒曲块

13. 烧酒初开琥珀香
——蒸馏酿造

举世闻名的中国白酒酒液清澈透明、芳香浓郁，因为酒精度较高，所以喝起来有一定刺激性，也被称为烧酒。我国先民利用不同物质挥发性不同的特点，把酿出的酒再进行蒸馏，就得到了度数更高的蒸馏酒，这项技术工艺就称为蒸馏酿造。

蒸馏酿造是在传统酿造的基础上发展起来的，而蒸馏技术则是蒸馏酿造出现的关键。酒精（乙醇）是一种比较容易挥发的物质，当温度达到78.3℃时，它就会从液态变为气态。利用这个特点，人们将酿酒原料发酵后再用特制的蒸馏器进行加热，酒精就会被蒸馏出来，形成具有较高浓度酒精的蒸汽。收集这些蒸汽并经过冷却，得到的酒液就会比未经蒸馏的原液度数高许多，甚至可以达到60°以上。由于酒精含量高，杂质少，蒸馏酒可以在常温下长期保存，一般情况下能放5～10年。即使在开

图 6-13-1　蒸酒器（海昏侯墓出土）

瓶之后，也可以存放一年以上而不变质。我国的蒸馏酒种类多样，这主要是由于酿造原料的不同而形成的。

在蒸馏酿造技术出现之前，中国人一直制作的是酿造酒，是把原料发酵后直接提取或压

榨而获得的。由于酵母菌在高浓度的酒精下不能继续发酵，因此酿造酒的酒精浓度不会很高，一般不超过 20°。蒸馏酒在我国的产生的年代，学界有东汉说、唐代说、宋代说等多种推测，尚未有定论。宋人小诗云："小钟连罚十玻璃，醉倒南轩烂似泥。睡起不知人已散，斜阳犹在杏花西。"从诗句中我们可以看到，只是喝下去 10 小杯，就能使人达到烂醉如泥的地步，说明当时的酒已经达到了一定的度数。

图 6-13-2　蒸馏器

宋元以后，有关蒸馏酒的记载更加普遍，不少文学作品中的描述都反映出蒸馏酒度数较高不宜多饮的鲜明特征。明代的李时珍在《本草纲目》中也曾记载了制作蒸馏酒的方法："烧酒非古法也，自元时创始，其法用浓酒和糟入甑，蒸令气上，用器承滴露。"这里提到的"甑"就是早期的蒸馏器皿，类似于现在我们所用的蒸锅。明清之际，我国的蒸馏酿造已经形成规模，茅台酒、汾酒、绵竹大曲、泸州老窖、洋河大曲等一大批中国名酒声名显赫、饮誉全国。

14. 中国传统酿造工艺的代表
——黄酒

大文豪鲁迅笔下的孔乙己，是不少人熟知的角色。小说中他每次来到咸亨酒店，都叫掌柜的温两碗黄酒，再上一碟茴香豆。这黄酒可是我国所独有的酒类，它起源于我国，是世界上最古老的酒类之一。黄酒也称为米酒，是一种用麦曲或小曲为原料酿造而成的低度酒，一般在 15°左右。它的酿造方式独树一帜，堪称我国传统酿造工艺的代表。黄酒和啤酒、葡萄酒一起，并称为世界三大酿造酒。

商周时代，我们的先人创造出了酒曲复式发酵法，开始了酿制黄酒的历程。黄酒以谷物作为原料，在北方以粟（小米）为主来进行酿造，而南方则普遍使用稻米（尤其以糯米为最佳）。宋代开始，由于政治、经济、文化中心南移，黄酒的生产逐渐局限在南方数省。到了元代，采用蒸馏法制造的烧酒在北方得到普及，南方人饮烧酒者不如北方普遍，因此黄酒在南方得以保留。清朝时期，南方绍兴一带的黄酒已称雄国内外。如今，南方的江浙、福建、上海等地普遍喜好饮用黄酒，而北方人则多饮用高粱酿造的白酒，这种"南黄北白"局面的形成，大致与我国南方湿暖多雨、北方干燥寒冷有关。

与白酒不同，黄酒没有经过蒸馏，其酿造的主要工艺流程可以分为这样几个步骤：浸米—蒸饭—晾饭—落缸发酵—开耙（bà）—坛发酵—压榨、煎酒—包装。简单来说就是将米经过浸泡再加以蒸煮，使其达到熟而不糊、透而不烂、内无白心的状态。这样可以使米中的淀粉糊化，便于糖化发酵。待米摊晾冷却之后，将水、米、麦曲拌和放入缸内，进行发酵。开耙是酿造黄酒的关键技术，就是利用木耙在发酵缸中搅拌来调节醪（láo）液上下的温度，使发酵成分上下均匀一致，排出二氧化碳补充氧气，利于酵母菌的生长繁殖。开耙是一项很难控制的技术，通常由经验丰富的老师傅把关，开耙技工在酒厂享有崇高的地位，工人们习惯称其为"头脑"，即酿酒的首要人物。经过主发酵后，酒液发酵趋势减缓，这时就可以把酒醪移入坛中进行后发酵，使酵母菌继续繁殖，提高酒的品质。不过，此时的黄酒还只是半成品，需要通过压榨来使酒液和

图 6-14-1　酿酒图

酒糟分离。最后，将过滤后的清酒加热至 90℃ 左右，杀灭其中的微生物，然后就可以灌入酒坛入库封存了。

　　今天，最能代表我国黄酒特色的，非绍兴黄酒莫属，故有"天下黄酒源绍兴"一说。历史上，绍兴地区每当有人家生了女孩，便在孩子满月的时候把酿得最好的黄酒装坛密封后埋入地下储藏。等到女儿出嫁时，再从地下取出埋藏的陈年酒，作为迎亲婚嫁的礼品，这酒便被人们叫作"女儿红"。"绍兴黄酒酿造技艺"入选了首批国家级非物质文化遗产。

15. 葡萄美酒夜光杯
——葡萄酒酿造

　　"葡萄美酒夜光杯，欲饮琵琶马上催。醉卧沙场君莫笑，古来征战几人回。"诗句中说到的就是我国古代的另一种佳酿——葡萄酒。葡萄酒是选用新鲜的葡萄采用自然发酵法，多次压榨葡萄汁酿制而成的。目前，葡萄酒市场正在慢慢抢占白酒市场的份额。

　　种植葡萄和酿制葡萄酒起初是从中亚细亚由新疆而传入内地的。《史记·大宛列传》中记载：张骞出使西域时，看到"宛左右以蒲陶为酒，富人藏酒万余石，久者数十岁不败"。"蒲陶"就是我们所说的葡萄。而"宛"指的是古代大宛国，在今天中亚的费尔干纳盆地区域。西汉中期，中原地区的农民已经引进了欧亚种葡萄并初步掌握了葡萄酒的酿造技术。由于葡萄的种植受地域和季节的限制，葡萄酒的生产仍然主要集中在我国新疆一带，内地并没有大面积推广。因此在相当长的时期内，珍贵的葡萄酒只有贵族才能饮用，平民百姓可是绝无口福的。到了唐朝，唐太宗命人攻破高昌国（今新疆吐鲁番地区），引进了马乳葡萄进行种植，并且学来了西域酿造葡萄酒的技术。由此，中原地区才开始大规模进行葡萄酒的酿制。

图 6-15-1　宣化葡萄园　　　　　　　　　　　　　　　图 6-15-2　葡萄熟了

　　元朝时，内地生产的葡萄酒，产地产量已经相当可观。最晚在元朝初年，吐鲁番地区已开始使用蒸馏法酿制葡萄酒，即使用原汁葡萄酒进行蒸馏再加工，从而获得高度的蒸馏葡萄酒。这种葡萄烧酒，就是今天白兰地的前身。利用蒸馏法获取纯质葡萄酒是葡萄酿酒史上的一大飞跃，用这种方法制作的葡萄酒，不但酒质纯净、酒精含量高，而且可以长期贮存，避免了自然发酵葡萄酒可能酸败的现象。元朝不但从西域直接引进成品葡萄酒，还把西域酿制葡萄酒的蒸馏法在内地加以推广，统称为"法酒"。

　　到了清末，南洋华侨张弼（bì）士应邀参加荷属法领事的宴会，席间第一次品尝到了葡萄酒，认为其味甘色美，于是决定成立葡萄酿酒公司。1892 年，他在烟台创立了葡萄园和张裕葡萄酿酒公司，从西方引进了优良的葡萄品种，并引入了机械化生产方式，从此我国的葡萄酒生产技术走上了一个新的台阶。

16. 曹操精心酿制的贡品
——九酝春酒

　　九酝（yùn）春酒是一种酿法独特的酒。"九酝"是指在酿酒过程中，"三日一酿，满九斛米止"，即分 9 次将酒饭投入到曲液中，分 9 次投完九斛米，直到最终发酵完成。"春酒"是指这种酒是在腊月二日将曲浸泡，待到正月解冻后，选用品质好的稻米过滤掉曲渣酿制而成。九酝春酒正是今天古井贡酒的前身。

　　东汉建安年间，曹操发现其家乡已故县令郭芝家有一种酿法独特的酒，被称为九酝春酒，味道十分醇美。于是他将这种酒献给了汉献帝刘协，并上表说明九酝春酒的制法。从他所写的《上九酝酒法奏》中可以看出，曹操曾按照这种方法亲自尝试酿造，并且取得了不错的效果。更难得的是，他还在此基础上提出了改进的方法，使酒味更醇厚甜美。他认为分 9 次投米，酒的味道会发苦，但如果增加到十酿，也就是多投一次米，那么酒味就恰到好处了。北魏的贾思勰在《齐民要术》中对此作出过解释，酒的味道与酒曲和米的比例有关，曲多则酒苦，米多则酒甜。九酝春酒原本需要用 20 斤曲和 9 斛米，米的量略少一些，因此酒"苦难饮"。如果再多加一次米的话，曲、米比例更加合适，酒味也就"差甘易饮"了。

九酝酒法是对当时亳州造酒技术的总结。这种古老的酿酒方法，还有一种非常浪漫的制曲过程，即每年桃花盛开之时制曲，桃花凋落之时曲成。桃花盛开之时制作，此时空气温湿、微生物活动旺盛，是制作酒曲的最好时节。在此时制曲，酿出的酒香似幽兰，芬芳不散，口感绵柔丰厚。这种酒的制作方法几经波折流传到今天。

据说，献帝刘协饮过此酒后赞不绝口，九酝春酒遂有"贡酒"之名，自此它就一直作为皇室贡品。1959 年，亳（bó）州古井酒厂（当时名为"亳县古井酒厂"）就是据此为古井贡酒命名的。事实上，九酝春酒是发酵酒，而被世人誉为"酒中牡丹"的古井贡酒属于蒸馏酒，两者在工艺上并不相同。但可以说，亳州在 1 800 年前生产出的像九酝春酒这样的好酒，给后辈留下了酿制酒的先进技术和传统，对亳州后来酿酒业的发展产生了深远的影响，因此也才会有今天的古井贡酒。

七、生产条件篇

1. 第五大发明
——二十四节气

中国古人将太阳周年运动轨迹划分为24等份，每一等份为一个节气，统称二十四节气。二十四节气是认知一年中时令、气候、物候等方面变化规律所形成的知识体系和社会实践，指导着传统农业生产和日常生活，是中国传统历法体系及其相关实践活动的重要组成部分。在国际气象界，这一时间认知体系被誉为"中国的第五大发明"。

"春雨惊春清谷天，夏满芒夏暑相连。秋处露秋寒霜降，冬雪雪冬小大寒。每月两节不变更，最多相差一两天。上半年来六廿一，下半年来八廿三。"短短的56个字概括了全年的季节、天文、天气和物候的变化规律。二十四节气起源于黄河中下游地区，位于北纬30°～40°，这一地带一年四季气候分明，阳光充足，雨水充沛，地势平坦，土地肥沃，适宜耕作，给农业生产提供了有利的条件。于是，先民们经过长期的观测和总结，逐渐形成了一套完整的用于指导农业生产的历法。

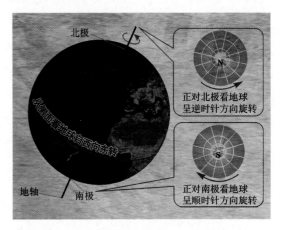

图 7-1-1 太阳周年运动轨迹与二十四节气（一）

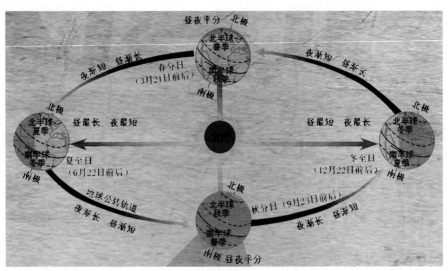

图 7-1-2 太阳周年运动轨迹与二十四节气（二）

早在春秋战国时期，我国就发明了测定节气的方法和仪器。人们发现房屋树木在太阳光的照射下都投下了阴影，这些影子在一年中随着时辰的变化又具有一定的规律，于是便在平地上竖起一根竹竿，观察影子的变化，这就是最早的圭表。根据长期的观测发现，在夏天的某一天，正午表影最短，之后天气逐渐转凉，在冬天的某一天，正午表影最长，之后天气逐渐转热，于是便确立了最早的两个节气——夏至和冬至。连续两次测到的表影最长值或最短值之间相隔的天数是 365 天，这说明在很早以前先民就测算出一年等于 365 天。西周时期，周公姬旦修建"观景台"并规范了圭表的使用。到春秋时期，人们测定夏至、冬至、春分、秋分 4 个节气，战国时的《吕氏春秋》和西汉时期的天文学著作《周髀算经》均有了 8 个节气的记载。秦汉时期，黄河中下游地区的先民们根据天气、物候及农事活动的规律，先后补充了 16 个节气，分别是：雨水、惊蛰、清明、谷雨、小满、芒种、小暑、大暑、处暑、白露、寒露、霜降、小雪、大雪、小寒、大寒。至此，二十四节气已趋于完善。关于二十四节气完整的文字记载，最早见于西汉初年的《淮南子》中："十五日为一节，以生二十四时之变"。公元前 104 年，邓平《太初历》将二十四节气作为历法收录，臻于完善，从此，明确了二十四节气在天文学上的地位。

图 7-1-3　圭　表

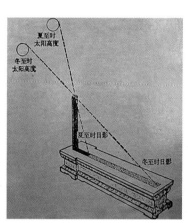

图 7-1-4　圭表测量示意图

图 7-1-5　春季节气邮票

　　二十四节气是中国人根据对太阳和自然界的观察，形成的指导农业生产和日常生活的知识体系。该体系反映气候、物候、时令、天文等方面变化的规律。反映季节变化的有立春、春分、立夏、夏至、立秋、秋分、立冬、冬至；反映物候的节气有惊蛰、清明、小满、芒

图 7-1-6　日　晷

种；反映降水的有雨水、谷雨、白露、寒露、霜降、小雪、大雪；反映气温变化的有小暑、大暑、处暑、小寒、大寒。二十四节气反映了农作物等植物生长所需要的温度、湿度和光照等自然条件的变化规律，故有谚语"种田无定例，全靠看节气"和成语"不违农时"的说法。

2. 大自然的语言
——七十二候

　　七十二候是基于二十四节气发展而来，是我国最早的结合天文、气象、物候知识指导农事活动的历法。古人把一年划分为二十四个节气，每个节气分三候，共七十二候，反映了一年之中的物候现象。物候指的是生物与非生物受气候及其他环境因素影响而出现的现象。如草木发芽、展叶、开花、结实，昆虫和候鸟来去以及霜、雪、雷及结水等现象，统称为物候。

　　现存最早的农事历书《夏小正》中提及了动植物的鸟兽鱼虫和非生物等 68 种物候现象，还按月别记录了 7 种气候现象、11 种农事及畜牧现象。目前所知，我国最初的物候记录出自《诗经·豳风·七月》中的"五月鸣蜩"，又有"八月剥枣、十月获稻"。当时人们仔细观察物候和积累经验，确定了播种、采集、收获等日期，并用这些经验指导农林牧副渔等各项生产活动。战国至西汉期间《逸周书·时训解》中首次将一年分为七十二候，以此观测记录了物候的变化。以

人们最早观察自然现象，判断农事季节是采用观象授时的方法，最原始的是地象授时，即观察地面现象，探索动、植物的季节性活动和农事季节的关系。

图 7-2-1　二十四节气与物候

五日为候，三候为气，六气为时，四时为岁，一年二十四节气，共七十二候。各候均以一个物候现象相应，称"候应"。智慧的先民们将五天称为一候，三候为一个节气，所以一个节气又被称为"三候"。七十二候候应的依次变化，反映了一年中的气候变化。

七十二候是古代农业气象学和物候学的萌芽，通过对一年中气候、物候现象的观测用来应对气候变化和指导农业生产。物候的功能主要在于预报天气和时节，对古代准备农事活动起到指导作用。古人说："不误农时，谷不可胜食也"。自然界的一切生物、非生物是一个统一体，动植物为了生存下去，就得适应外界一切环境条件的多种变化。变化条件，通过植物出现的现象又立刻直观地反映出来，这种反映就是物候。物候是一个"天然仪器"，随时随地综合地记录着外界所有环境条件的变化。当气候条件变化到某一数值时，那么植物也随之变化，由量变到质变—开始进入发芽、展叶或开花等。所以从植物生长发育的早迟，可知气候冷暖、干湿的变化，季节来临的早迟，推知农事季节。据《氾胜之书·耕田篇》记载："杏始华荣，辄耕轻土弱土。望杏花落，复耕。"将物候与耕作密切联系起来。在"凡耕之本，在于趣时"的古代，时令对于农业生产尤为重要。除此之外，物候还被统治者用于统治农民的劳动力。如《淮南子·主术训》记载："故先王之政，四海之云而至修封疆，虾蟆鸣，燕降而达路除道……晶中则收敛蓄积，伐薪木。"这反映了统治阶级运用物候来"应时修备，富国利民"。

七十二候表

立春：东风解冻、蛰虫始震、鱼陟负冰

雨水：獭祭鱼、候雁北、草木萌动

惊蛰：桃始华、仓庚鸣、鸠化为鹰

春分：元鸟至、雷乃发声、始电

清明：桐始华、田鼠化为鴽、虹始见

谷雨：萍始生、鸣鸠拂其羽、戴胜降于桑

立夏：蝼蝈鸣、蚯蚓出、王瓜生

小满：苦菜秀、靡草死、麦秋至

芒种：螳螂生、鵙始鸣、反舌无声

夏至：鹿角解、蜩始鸣、半夏生

小暑：温风至、蟋蟀居壁、鹰始击

大暑：腐草为萤、土润溽暑、大雨时行

立秋：凉风至、白露降、寒蝉鸣

处暑：鹰乃祭鸟、天地始肃、禾乃登

白露：鸿雁来、元鸟归、群鸟养羞

秋分：雷始收声、蛰虫坏户、水始涸

寒露：鸿雁来宾、雀入大水为蛤、菊有黄画

霜降：豺乃祭兽、草木黄落、蛰虫咸俯

立冬：水始冰、地始冻、雉入大水为蜃

小雪：虹藏不见、天气上升、闭塞而成冬

大雪：鹖鴠不鸣、虎始交、荔挺出
冬至：蚯蚓结、麋角解、水泉动
小寒：雁北归、鹊始巢、雉雊
大寒：鸡乳育、征鸟厉疾、水泽腹坚

3. 古代三大主要自然灾害
——水灾、旱灾、蝗灾

我国是世界上河流众多的国家之一，长江、黄河孕育了伟大的中华民族，但频繁的水患也给人民带来了深重的灾难。在有文献记载的 2 000 多年里，仅黄河下游洪灾泛滥决口就高达 1 593 次，大改道 26 次，平均一年一次泛滥决口，不到百年就要改道一次，因此黄河有"三年两决口，百年一改道"之说。除此之外，地形条件造成的雨量分布不均和祖祖辈辈毁林开荒也造成了水灾的频繁发生。据《孟子·滕文公上》记载："天下犹未平，洪水横流，泛滥于天下，草木畅茂，禽兽繁殖，五谷不登，禽兽伤人，兽蹄鸟迹之道交于中国"。古代的劳动人民运用智慧和血汗与江河水患做了几千年的搏斗，建造了一批堪称世界奇迹的水利工程，如战国时期的芍坡、樟水十二渠、都江堰和郑国渠等。西汉时期实施了"无为而治"和"与民休息"政策，使"用事者争言'水利'"成为历史上水利事业的兴盛时代。隋唐时期黄河、汾河河曲地带、龙门下引黄灌溉、江浙海塘、太湖湖堤和长江堤防等工程的相继完工更是开启了水患治理的新篇章。

夏朝初期，农业得到大规模的发展。先民们垦殖、伐木、烧山、驱赶野兽。周朝以后，烧炭、建房、放牧，甚至为战争而毁林。随着人口的增长、农耕的发展、定居生活的普遍化，对部分地区自然资源的开发逐渐超过了其所能承受的最大限度，造成水土流失、土地沙化。到了春秋

图 7-3-1 南阳汉代祈雨图

战国时期，旱灾已经成为主要自然灾害。据邓拓《中国救荒史》的统计结果，自公元前 1766 年至公元 1937 年，旱灾共 1 074 次，平均约每 3 年 4 个月便有 1 次。旱灾严重影响了人民的生产生活，农田颗粒无收，饥民食不果腹，饿殍遍野。旱灾，尤其是周期性爆发的特大旱灾，往往并不是一种孤立的灾害，一方面会引发蝗灾、瘟疫等各种次生灾害，形成灾害链条。另一方面也与其他灾害如地震、洪水、寒潮、飓风等同时或相继出现，形成大水、大旱、大寒、大风、大震、大疫交织群发的现象，进一步加重对人类社会的祸害。

"重农"是我国历代君王的治国的重要政策，水旱灾害对农业生产产生了严重的威

胁，于是促使了古代救灾制度的形成。主要举措有：一是灾前预防。西汉政治家晁错在《论贵粟疏》中曾提出通过"务民于农桑、薄赋敛、广蓄积"等方式"以实仓廪，备水旱"，强调的是使人民能够有一定的粮食储备，体现的是重农以防灾的思想。二是灾后救济。《周礼·地官·大司徒》总结了"荒政十二条"，包括发放救济物资、轻徭薄赋、缓刑、开放山泽、停收商税、减少礼仪性活动、敬鬼神、除盗贼等。三是移民就食。与自发形成的流民潮不同，移民是历代政府组织受灾民众到条件相对较好地区就食的一种救灾方式，这在汉魏以后比较常见。四是保护植被，改良作物，改进农耕技术。如著名的"代田法"。五是兴修水利。以排水为主的古代沟洫不得不被灌溉的沟渠所代替。秦国的商鞅废除沟洫，取而代之的是兴修水利灌溉工程，战国时期，著名的灌溉渠道工程有期思雩娄灌区、都江堰、郑国渠等十多处。

蝗虫自古以来就是一种有害的昆虫。它们每天可以吃下相当于自身体重的食物，会在所到之处引发饥荒，让人们难以继续维持生活。在历史文献记载的最大一次蝗灾中，1988 年，数十亿只蝗虫聚集到一起，飞越了 60 个国家所在的 2 900 万平方千米的广大地域，甚至跨越大西洋从非洲达到加勒比地区。其实，早在春秋时期，虫害的发生非常频繁，据《春秋左传》记载，螟、蝗为当时的主要虫害，其中蝗灾是我国历史上危害程度最高、范围最广的虫害。据《周礼·秋官篇》记载，当时的政府部门设置了专门治虫的官职如

图 7-3-2　捕蝗图（壁画）

"剪氏""蝈氏"等。这一时期的虫害的防治方法有 3 种：人工防治、深耕翻土、药物治虫。其中药物治虫主要以莽草、襄荷、牡鞠等有毒性植物点燃后薰杀，或用石灰、草木灰等含有碱性的矿物质洒杀。唐代宰相姚崇依据古防治害虫的经验提出了用火驱烧蝗虫的方法。夜间在田间开沟并把火堆点在沟旁，利用虫类的趋光性将蝗虫赶入沟中埋杀。宋代发明了掘卵治蝗的技术，在蝗虫危害之前就将蝗虫杀灭。灭蝗的胡熬过又得到了进一步的提升。这个时期还制定了我国最早的治蝗法规，据《救荒活民书》记载，首次以"法"的形式鼓励人民与蝗虫作斗争，根据治蝗的成效对百姓和官员进行奖励。南宋时期又公布了我国第二道治蝗法规"淳熙敕"。明清时期，治理虫害的措施又有了新的突破。在药物治虫上发明了用砒霜毒杀害虫的方法。在植物治虫上，发明了用烟草的茎、叶脉等剪成两三寸长插入土中，烟草中含有的毒素尼古丁具有很强的杀虫作用。在治理虫害的所有措施中"养鸭治蝗"可谓一举两得的好方法。

科学研究表明，蝗虫通常单独行动，但会因受到刺激而聚集到一起相互推挤碰撞，共同寻找食物。这会导致它们的大脑分泌一种令其产生快感的化学物质——5-羟色胺。蝗虫一旦处于聚集模式，身体会从绿色变成明黄色，体内也会生成为长途飞行做准备的大肌肉群。蝗虫具有庞大的基因组，这可能与其具有的长途飞行能力、植食性特点以及对食物的代谢情况有关。

4. 与水争田
——圩田、垛田、架田、涂田

秦汉时期，长江流域曾经是一片荒芜之地，东汉后，战乱频繁，北方人民纷纷南下，尤其在唐代"安史之乱"后，更多的人们为躲避战乱而迁徙南方，于是，长江以南的人口大幅度增加，田地也越来越紧张。为了生存下去，人们开始"与水争田"的行动，河滩、水面等得到了很好的利用。

"圩田岁岁镇逢秋，圩户家家不识愁，夹路垂杨一千里，风流国是太平州。"南宋诗人杨万里曾作诗称赞太平州的圩田。在《圩丁词十解》中说"圩者，围也。内以围田，外以围水"，故圩田又称围田，在《王祯农书》也称之为柜田，是在濒湖地区围水而成的一种田制。圩田创始于长江流域，历史可以追溯到春秋战国时代。最初修建的圩田只是筑堤坝挡水，五代时期，修筑技术有了较大发展，出现了堤岸、涵闸、沟渠相结合的圩田，规模更为宏大。人们将低洼处湖泊、河滩等的滩地围筑起来，开辟成田地，是与水争田的主要形式之一。据沈括在《万春圩图记》中记载："江南大都皆山地，可耕之土皆下湿厌水，濒江规其地以堤，而艺其中，谓之圩"。圩田的特点是内围田，外围水，水高于田，旱可灌，涝可排。三国时期，孙吴由于军事需要开始在江淮地区大规模屯田，并在"屯田"中筑堤防水，"屯营栉比，廨署棋布"，形成了圩田的雏形。南朝，圩田有了新发展，太湖地区呈现出"畦畎相望""阡陌如秀"的景象。唐代，是圩田发展的兴盛时期，无论在建设规模还是防洪、排灌工程的兴建数量上都有大幅的提高。五代时期，在太湖流域发明了"塘浦制"，七里十里一横塘，五里七里一纵浦，纵横交错，横塘纵浦之间筑堤作圩，使水行于圩外，田成于圩内，形成棋盘式的塘浦圩田系统。北宋时期，随着政治中心的南移，南方人口剧增，迫切需要增加耕地，圩田成为开发江南广大低洼地区的重要形式。圩田多用于种植高产的水稻，改变了太湖地区生态环境，使江南地区成为鱼米之乡，造就了"苏湖熟，天下足"的局面，使大量沿江沿湖滩涂变成了万顷良田图。

垛田是低湿地区用开挖网状深沟或小河的泥土堆积而成的垛状高田。地势高、排水良好、土壤肥沃疏松，宜种各种旱作物，尤适于生产瓜菜。江北里下河水乡的兴化城东，有或方或圆、或宽或窄、或高或低、或长或短，形态各异且大小不等，成千上万座垛田。垛田四面环水，河汊密如蛛网，垛与垛各不相连，形同海上小岛，就有人称这里为"千岛之乡"。如此规模如此独特的地貌构成，在华夏大地乃至世界版图上实属罕见，可谓天下奇观。

图 7-4-1　垛　田

每年春季，油菜花开，蓝天、碧水、"金岛"织就了"河有万湾多碧水，田无一垛不黄花"的奇丽画面。

架田是由我国发明的世界上最早的人造耕田。架田又称葑田，是一种古老的土地利用形式，最早追溯到宋代，《陈旉农书》中记载，在湖泊水深的地方，用木头绑成木排，做成田丘的样子，浮在水面，用具有菰根盘绕的泥土放在木排上后种植庄稼。架田浮在水面上，随水上下，不会被水淹没，这足以体现了我国古代先民的智慧。架田在当时有许多优点：一是不占土地；二是不缩小水面；三是不影响渔业生产，而且可充分开发利用自然资源，促进生态平衡；四是随水上下，没有旱涝之忧；五是投资少而收益颇丰。架田的发明给江南开辟了一种新的造田方法，增加了大量的耕田，体现了先民们与水争田的智慧。

图 7-4-2　架　田

涂田是滨海地区筑堤围垦的农田，是沿海地区一种土地利用的形式。在浙东沿海地区，海潮夹带着泥沙沉淀在海滨，民户在沿海岸边筑墙或者立桩抵抗潮泛，然后再在田边开沟存蓄雨水，称为"甜水沟"，干旱时用来灌溉。由于海滩盐碱含量很高，不能马上种植庄稼，种植之前的必须做"脱盐"的工作。在开垦过程中要修筑海堤，防止海潮的侵袭，同时设有排水和灌溉设施，或开挖沟洫作为条田用于淋洗盐碱或灌溉。明朝徐光启《农政全书》中描写的"初种水稗，斥卤既尽，可为稼田"指的就是把斥卤（盐碱）之地，通过种植耐盐植物和水利土壤改良等措施，转化成为丰产田，这是我国古代劳动人民在改土造田方面的光辉成就之一。

5. 与山争地
——梯田

梯田是在坡地上分段沿等高线建造的阶梯式农田，又称塝田、排田。梯田是古代劳动人民为适应严酷的自然环境而创造的农耕史上一大奇迹，是治理坡耕地水土流失的有效措施，具有显著的蓄水、保土、增产作用。

西汉时期，在蜀地（今重庆地区彭水县）出现了梯田的雏形，这时的梯田改良了过去以往的畲田耕作法。畲田是唐代出现的一种粗放型的耕作形式，指的是在播种之前将山地上的杂草放火烧去，灰烬留作肥料，然后耕种。这种田顺坡而建，没有埂堤，因此水土流失比较严重。而梯田的建造方式具有很好的水土保持作用，在南方的丘陵之地大大提高了耕种面积。

北宋时期方勺的《泊宅篇》记载了福建地区梯田的修建："垦山垄为田，层起如阶级然，每援引溪谷水以灌溉。"不过并未提到"梯田"名称，"梯田"一词最早见于南宋范成大《骖鸾录》，"岭阪上皆禾田，层层而上至顶，名'梯田'"。明朝徐光启《农政全书》："此山田不等，自下登陟，俱若梯磴，故总曰梯田"。宋代是我国古代梯田发展史上的黄金时期，这一时期，随着经济重心南移，梯田在江南得到了大规模开发并被广泛使用，以形状层层而上至顶，状似梯阶而得名。方勺在《泊宅篇》中说福建人"垦山陇为田，层起如阶级"。据南宋初年的《三山志》中记载："闽山多于田，率危耕侧种，塍级满山，宛若缪篆"，可见，北宋中后期梯田的修筑和使用取得了极大的进步。随着梯田的兴修，陂塘也开始大量修建。陂塘，用我们今天的话说，就是山区的小水库。农民们选择一个合适的制高点，筑起堤坝，拦蓄雨水或溪流，然后再修渠道浇灌陂塘下的梯田。陂塘的发明建造给梯田带来了更大的益处，使得梯田成为南方地区的主要形式。

图 7-5-1　哈尼梯田

梯田按田面坡度不同可分为：水平梯田、坡式梯田、复式梯田、隔坡梯田。水平梯田指沿等高线把田面修成水平的阶梯农田，这是最常见的一种，也是保水、保土、增产效果较好的一种；坡式梯田指山丘坡面地埂呈阶梯状而地块内呈斜坡的一类旱耕地。它由坡耕地逐步改造而来。为了减少坡耕地水土流失量，则在适应位置垒石筑埂，形成地块雏形，并逐步使地埂加高，地块内坡度逐步减小，从而增加地表径流的下渗量，减少地面冲刷；复式梯田指

图 7-5-2　云南元阳梯田

因山就势、因地制宜在山丘坡面上开辟的水平梯田、坡式梯田、隔坡梯田等多种形式的梯田组合；隔坡梯田是沿原自然坡面隔一定距离修筑一水平梯田，在梯田与梯田间保留一定宽度的原山坡植被，使原坡面的径流进入水平田面中，增加土壤水分以促进作物生长。

6. 不见田土之地
——砂田

　　砂田，也叫铺砂地或石子田，是用不同粒径的砾石和粗砂覆盖在土壤表面而成，具有明

显的蓄水、保墒、增温、压碱和保持地力的作用。砂田是我国西北干旱、半干旱地区独有的传统抗旱耕作形式，是智慧的先民长期与干旱斗争，为在不毛的盐碱之地获得收成的一项重大发明。

在甘肃民间流传着这样一个故事，传说康熙年间遇上连年大旱，颗粒无收，一位老人在鼠洞前却发现了茁壮成长的禾苗，经过仔细观察分析发现是老鼠淘砂铺在洞口压住了鼠粪，于是便效仿，经过不断的试验和改良终于在沙砾上创造了良田，贫瘠的土地有了收获。

据《兰州古今注》记载："为人民无穷之利者兰州之砂地也"，《洮沙县志》记载："自有清咸丰年以来农人渐以科学方法铺大砂、小石于地面。"现代专家从当地农业发展、气候变迁、植被演变、农业人口和文献记载等因素综合考证认为甘肃砂田起源于清朝，距今200～300年。

砂田分为旱砂田和水砂田，主要分布于甘肃陇中地区，青海、宁夏等地也有零星分布，是一种特殊的覆盖栽培措施。具体方法是：先将土地深耕，施足底肥，然后在地表平铺粗沙、卵石和片石的混和物。砂田8～12厘米，水砂田6～9厘米。耕种时拨开砂石把作物种在石下，然后用砂石覆盖，或者在石缝中播种。砂田还有另一种称谓——免耕之地，铺1次砂石可利用30年左右，老化后重新深耕、施肥、铺砂。砂田的产量比同类不铺砂的田地高10%～50%。

砂田之所以能提高产量是因为砂石层有特殊的覆盖栽培效果，具有保温、保墒、保土、压碱等作用，从而显著提高产量。至今民间仍流传着"砂压碱、刮金板"的农谚。除此之外，砂田还能减少地表径流、保持水土和肥力、抑制杂草生长和减轻病虫害等。到了现代社会，由于砂田病虫害和杂草较少，在一定程度上减少了农药的使用，有利于生态环境的保护。

在甘肃的大部分地区，砂田被广泛应用于农业生产中。旱砂田主要种植小麦、糜谷、马铃薯、大蒜等，水砂田主要种植蔬菜、果树、西瓜、白兰瓜等。

7. 历时千年的土地保卫战
——古代盐碱地治理

在我国古代，人们很早就对土地有了认识，商代，甲骨文中就出现了"土"字。到了战国时期，人们对土壤取得了比较明确的认识，能够根据地势、土壤颜色、质地和性状等对土壤进行了分类。盐碱土是指土壤里面含有大量的盐分，影响作物的正常生长。盐碱地是北方地区广为分布的低产土壤之一，形成的主要原因是各种易溶性盐类在地面做水平方向与垂直方向的重新分配，从而使盐分在集盐地区的土壤表层逐渐积聚起来。

早在2 500多年前我国劳动人民就在广袤的盐碱地上开拓垦殖耕作生息，在改良利用盐碱土的长期斗争中积累了丰富的经验。战国时期，人们从生产实践中逐渐积累了很多土壤学的知识，同时对盐碱地的特性也进行了充分的了解，从而创造了用水洗盐碱地的改良盐碱土技术。当时人们兴修水利，把含有丰富泥沙和有机质的水资源通过渠道引入盐碱地进行淤灌，之后逐渐发展成为改良盐碱地的一个重要手段。黄河下游有大片盐碱地（古称"斥卤"）不能利用，一位名叫史起的人，领导人们挖灌排水渠，利用漳水灌溉洗盐，使邺郡种上水稻，盐碱地长出好庄稼。民间流传着"邺有圣令，时为史公，决漳水，灌邺旁，终古斥卤，生之稻粱"的民歌。

明清时期，对土壤的改良更加重视，开始了大规模的盐碱地改良。据

图 7-7-1　深翻压盐图

明朝袁黄《宝坻劝农书》记载："濒海之地，潮水往来，淤泥常积，有咸草丛生，其地初种水稗，斥卤即可，渐可种稻。"把大片盐碱不毛之地，通过种植耐盐植物和水利土壤改良等措施，转化成为丰产田。沟洫台田早在元代就开始利用，明清时期得到完善，台田有利于降低水位，防止返碱。远观沟洫台田犹如龟背，不但有利于排水还有利于雨水淋盐，这是滨海地区改良盐碱地的一个重要措施。深翻压盐和绿肥治碱技术是改良盐碱地的又一重要措施。光绪年间，农民们掘地埋碱，再造了万亩良田。道光年间，大面积种植苜蓿，苜蓿能暖地不怕盐碱，几年之后，土壤中的碱性逐渐降低，苜蓿还能作为绿肥肥地，这种方法比深挖埋碱省力，所以被广泛利用。

盐碱地的治理使北方的许多不毛之地化为沃田，在那个靠天靠地吃饭的年代养活了无数的饥民。毫无疑问，盐碱地的治理是我国古代劳动人民在改土造田方面的光辉成就之一。

8. 中国原始的微生物学知识
——有机肥料的积制与利用

民间流行着这样的谚语："庄稼一朵花，全靠肥当家""地不说话，不留也罢，收成之时，分出高下"，通俗易懂地阐述了肥料在农业生产中占据着重要的地位。勤劳的先民在几千年的劳动中领悟了肥料的作用并积累的丰富的制作和使用经验。

肥料统称为"粪"，在甲骨文中，"粪"字是"双手执箕弃除废物"的形状，后来人们把包括人畜粪便在内的废弃物用于农业生产，"粪"就逐渐演变为肥料和施肥的专属称谓。明清时期，肥料的制作和利用受到了高度的重视，出现了凡是种田总以"粪多力勤"4个字为原则。

人畜粪便。人畜粪便是我国最早使用并且使用最为广泛的肥料，最早始于商代。《氾胜

图 7-8-1 绿釉猪圈（东汉）

图 7-8-2 托粪笼

之书》中提到要"溷中熟粪"，《陈旉农书》也指出："若不得已而用大粪，必先以火粪久窖罨乃可用"，这里指的是用人类的粪便需要进行腐熟之后才能使用，具体有煮粪、蒸粪、煨粪、窖粪等方法。

草木灰。在刀耕火种的时代，人们为了清除田地里的树木杂草，于是放火焚烧，焚烧过后把灰烬翻入土中。之后逐渐发现翻埋过草木灰的田地格外肥沃，于是草木灰便成为施用方法最简单最常用的肥料之一。草木灰是通过植物焚烧后制成的，所以其间包含了植物应有的所有矿物质，其中丰富的钾元素，是促进植物生长的重要元素。在田间施用不仅可以增加底肥和营养土的有效养分，促进根系生长，还有起到防治病虫害的作用。草木灰性属碱性，而我国的土壤大多呈酸性，所以草木灰的施用很好地中和了土壤中的酸性物质，达到了改良土壤的作用。

绿肥。《氾胜之书》中说道，耕地时把杂草翻压在土下，经过腐烂成为肥料。这说的是自然生长的青草作为绿肥。除此之外，在绿肥的栽培技术上也有重大发展，明代《沈氏农书》中指出用"猪灰"，即猪圈肥撒于花草田（绿肥田）中，一取护草，二取松田。《齐民要术》中初次记载栽种绿肥，这种绿肥指的是绿豆或小豆，并且指出绿豆做绿肥最好。根据现代科学的研究发现绿豆、小豆等豆科植物的根部有根瘤菌能固定空气中

图 7-8-3 利用杂草制肥图

的氮素，现代社会种植的绿肥大多是紫云英、苕子、茹菜、蚕豆、田菁、柽麻、竹豆、猪屎豆等。

陈墙土。农家的住宅和厩舍等，随着时间的推移都会毁坏废旧，于是，农民拆去旧居，兴建新舍。拆下来的墙土运到地里做田土，无意中发现撒过陈墙土的地非常肥沃，于是把陈墙土也列为肥料之一了。有谚语说道："十年墙土赛豆饼，肥土不如瘦屋基"，可见陈墙土作为肥料其肥力可见一斑。从另一个方面来说，年代越久远的墙土肥力越高。这是因为通常用

来砌墙的土大多是黏土，黏土中磷、氮、钾含量很高，但是处于植物不易吸收的形态。做成墙土后，经过多年风吹日晒雨淋，其中的有机质得到发酵，变成了植物易于吸收的硝酸钾。

蚕沙。蚕沙就是蚕粪、蚕蜕和蚕食桑叶剩下的残渣。在古代，养蚕业是很普遍的农家副业。《氾胜之书》中提到“蚕矢”，指的就是蚕沙。北魏贾思勰《齐民要术·种谷》中记载：“三四日去附子，以汁和蚕矢、羊矢各等分挠之”，指的是养蚕之后的蚕沙倒进地里有很好的肥地作用。

饼肥。古人食用和照明都用的植物油，油料作物榨油之后的残渣除了给牲口做饲料以外，还可以作为肥料使用。由于榨油之后的油渣在收纳的时候一般都团成饼状，于是形象的称为饼肥。在明代的《天工开物》中做过肥效的比较：“枯者，以去膏而得名也。胡麻、莱菔子为上，芸薹次之，大眼桐又次之，樟、柏棉花又次之”。

熏土。《王祯农书》中记载了“火粪”的制作工艺：用泥土和草木堆放在一起用火烧制，待火灭土冷时用碌碡碾碎。这说的就是我们通常说的熏土。也有农民发现炕土、灶土也有一定的肥效，于是，炕土、灶土也可化为熏土。熏土开创于北方，后来南方的农民也效仿制作熏土为肥料。

荷塘泥。五代时期的吴越，十分注重农田水利建设。越王曾在各地设了“撩浅军”，专门负责疏浚河塘，并把河塘中的淤泥挖掘起来，填铺到附近的农田去充当田土。《王祯农书》中曾记载，元代时期，江浙地区的农民自创了一种挖掘沟港内淤淀肥泥的工具。农民乘船在河塘中，用竹夹把肥泥抄泼到岸边，待风干凝固后裁成块，担去与大粪一同作为肥料。这是因为河塘中有大量鱼虾粪便、水草、微生物等，经过长时间的沉淀和发酵后变成泥，河塘泥中含有大量有机质，因而可以作为一种非常易得、优质的肥料使用。

骨灰。在明代后期，根据史料《天工开物》及徐光启手稿中记载，江西农民首创使用骨灰作为肥料。这种肥料是将猪、牛等动物的骨骼烧红后浸入粪缸，片刻后取出捣碎，研成粉末。插秧时，用秧根蘸取骨灰后再插入田间。因为动物骨灰中含有大量的磷，所以骨灰可以称为磷肥的鼻祖。

堆肥和沤肥。顾名思义，堆肥和沤肥就是把制作肥料的材料堆积在一起发酵或在池中沤制。古代先民们发现，堆积物（粪类、蒿草）附近的植物总是生长得特别茂盛，于是开时有意识地使用堆积物对田地进行补充。到了春秋战国时期，《荀子·富国》中说道：“掩地表亩，刺草殖谷，多粪肥田，是农夫众庶之事也。”于是“多粪”和“肥田”被联系到一起。《齐民要术》中最先提出肥料积制的方法，就是“踏粪法”。秋收后，农民把田地里废弃的农作物秆茎、碎叶、谷糠壳等收集后铺在牛舍中，让猪、牛充分踩踏并混粪尿，之后扫取堆制积肥。沤肥是宋、元时期常用的肥料制作方法，普遍使用于我国的南方地区。《陈旉农书》及《王祯农书》中记载，南方的农民常常在自家屋子前后或田间地头开凿一个深池，把粪草等放在其中窖沤，窖熟之后的肥料施到田地中，肥田效果非常可观。

肥料的制作与利用是保证农业生产和收成的重要措施，是古代农业技术的成熟和发展的重要体现，同时也是古代社会经济、文化发展的重要里程碑，在未来农业的可持续发展中依然占据着举足轻重的地位。

9. 生物相生相克规律的巧妙应用
——生物防治

生物防治指的是利用一种生物对付另外一种生物的方法。它利用了物种间相生相克的相互关系，以一种或一类生物抑制另一种或另一类生物。我国是运用生物防治最早的国家。据晋代《南方草木状》记载：在南方的集市上，有人手提着席子做成的口袋上街叫卖，袋中放有许多挂着虫茧的树枝树叶。如薄絮状的虫茧里裹着一种颜色赤黄的虫蚁。原来，南方盛产柑橘，柑橘树上有一种害虫，专门危害果实，运用这种虫蚁能防治柑橘害虫。这是关于生物防治最早的记载，除此之外，还有利用农田蜘蛛或在农田里放养青蛙和益鸟等方法来防治农业害虫。

图 7-9-1　稻田养鸭

早在1 000多年前的北宋时期，贵州黔东南地区侗族人的聚居地从江侗乡就发明了稻—鱼—鸭复合系统。高效的资源循环再利用的生态系统，为鱼类提供了良好的生存环境和丰富的食物，鱼、鸭则为稻田清除虫害和杂草，不但降低了水稻虫害的发生，在提高水稻的产量的同时能鱼鸭双收。清晨，农民把空腹不喂的小鸭带到稻田里，任其自由活动，觅食虫子和杂草。但是，如何放养也有一定的原则。主要是根据田中鱼的大小和田水的深浅来定，以鸭子的大小和放养数量对鱼的生存不构成威胁为基本原则。鸭子可吃掉秧苗上部的虫子和一些较大的杂草，防治虫害的同时又能除草。

明朝陈经纶在《治蝗笔记》中详细地记载了养鸭治虫的方法。陈经纶曾从菲律宾的吕宋岛把甘薯引种到福建进行试种，有一年，陈经纶在教人种甘薯时，看到天边飞来了一群蝗虫，把薯叶全给吃光了，一会儿又飞来了几十只鹭鸟，把蝗虫又给吃掉了。他从中受到启发，认为鸭和鹭的食性差不多，于是便养了几只鸭子，放在鹭鸟活动的地方，结果发现，鸭子吃起蝗虫来，比鹭鸟又多又快，于是就号召当地老百姓大量养鸭。每当春夏之间，便将鸭子赶到田地里去吃蝗虫，后来，养鸭治蝗成为江南地区治蝗的重要办法之一。

明清时期，养鸭不仅用来治蝗，同时还用来防治蟛蜞（蟛蜞，是螃蟹的一种，以谷芽为食）。珠江流域地区的人们养鸭来防治蟛蜞对水稻的危害。养鸭治虫，是我国历史上利用最为广泛的一种生物防治技术，在消灭害虫保护庄稼的同时促进了养殖业的发展，可谓是我国生物防治史上一项重大发明。

八、园艺篇

1. 植物的人工"木连理"
——嫁接技术

　　园艺，即园地栽培，是果树、蔬菜和观赏植物的栽培、繁育技术和生产经营方法。嫁接技术是果蔬花木繁育的技术措施，是把某一种植物的枝条或者嫩芽，嫁接到另外一种植物的茎部或者根上，让两个部分长成一个完整的植株，嫁接分枝接和芽接两大类，前者以春秋两季进行为宜，尤以春季成活率较高，后者以夏季进行为宜。嫁接技术流传上千年，是园艺工作广泛应用的植株方法，至今仍然在农作物种植方面发挥着重要作用。

　　影响嫁接成活的主要因素是接穗和砧木的亲和力，其次是嫁接技术和嫁接后管理。接上去的枝条或者嫩芽叫作"接穗"，被接的本体叫作"砧木"或"台木"，后来成为植物的根系部分。所谓亲和力，就是接穗和砧木在内部组织结构上、生理和遗传上，彼此相同或相近，能够结合在一起的能力。亲和力高，嫁接成活率高。反之，则成活率低。一般来说，植物亲缘关系越近，则亲和力越强。例如苹果接于沙果；梨接于杜梨、秋子梨，柿接于黑枣；核桃接于核桃楸等亲和力都很好。明代《农政全书》强调嫁接原则要"皮肉相向""皮对皮""骨对骨""缝对缝"。这里的皮指植物表皮及韧皮部，肉和骨指的是木质部，而缝指的是位于韧皮部和木质部之间的形成层，可以产生愈伤组织。

　　古代人们很早就发现树木枝条相互摩擦损伤后，彼此贴近而连接起来的自然嫁接现象，称为"木连理"，一般被认为是吉祥之兆。根据《氾胜之书》记载，汉代人们已经将嫁接技术运用到瓠（hù）瓜（葫芦科植物）种植上。即采用靠接的方法，用布将10颗种子长出的10根茎捆绑在一起，再用泥封住，几天之后，这10根茎便合在一起，再通过整枝修枝留下最强壮的一枝结子，这样结出的葫芦比普通的葫芦要大10倍。魏晋南北朝时期，嫁接技术一般用于果树，贾思勰《齐民要术》对果树嫁接中砧木、接穗的选择，嫁接的时期以及如何保证嫁接成活和影响等有细致描述。并有一篇

图 8-1-1　果树嫁接图

专门介绍梨树的嫁接方法，指出嫁接的梨树结果比实生苗快。在 6~13 世纪的几百年中，嫁接技术在牡丹和菊花等观赏植物方面有很大发展。北宋周师厚的《洛阳花木记》对牡丹嫁接时砧木的选择做了描述，并指出栽培砧木要比野生砧木好，接穗要选择"木枝肥嫩，花芽盛大平圆而实者"。南宋韩彦直在《橘录》用"人力之有参于造化每如此"来赞美柑橘嫁接技术的神妙。宋元时期，嫁接技术开始广泛应用到桑苗的繁育上。南宋的《陈旉农书》最先记载了湖州安吉人用嫁接繁殖桑树。元代的《农桑辑要》论述了桑树嫁接的效果，即"功相附

丽，二气交通，通则变，变则化"，使砧木的不良品质"潜消于冥冥之中"。明清时期，嫁接技术在理论研究上取得突出的成果，明代王象晋在《群芳谱》中谈到嫁接和培养相结合可促进植物变异。清初《花镜》等著作进一步肯定了嫁接在改变植物性状方面的作用。

嫁接既能保持接穗品种的优良性状，又能利用砧木的有利特性，增强作物抗寒抗旱、抗病虫害的能力，还能利用繁殖材料增加苗木数量、促进根系生长、提早开花结果，甚至可以促进一些不产生种子的果木（如柿、柑橘的一些品种）繁殖。此外，嫁接可以大大增加果木的经济价值。如今，嫁接技术的应用范围不断扩大。除果树和观赏树木外，草本植物如蔬菜以及林木和其他经济植物如橡胶树、可可树等应用嫁接的

图 8-1-2　嫁　接

日益增多。嫁接的材料也从普通的枝接、芽接发展到嫩枝接、叶接、胚芽接、生长点嫁接、鳞茎和块茎的芽眼嫁接，乃至花序、柱头、子房和果实的嫁接等，几乎植物所有的部分都可以进行嫁接。

2. 始于公元前的反季节栽培
——温室栽培技术

温室栽培技术是园艺作物的一种栽培方法。用保暖、加温、透光等设施和相应的农业技术，让喜温的植物抵御寒冷、促进生长或提前开花等。这项始于公元前的技术，至今仍然在丰富百姓的餐桌和美化人们的生活。每当冬季来临，北方的居民仍然能够在市场上买到各种新鲜蔬菜，除了从南方运输的以外，很多都是来自于城市郊区的温室栽培。

我国是世界上利用温室栽培蔬菜最早的国家，最早天然温室可能出现在秦代。早在秦代，先民已经利用天然温泉种植作物。唐代学者颜师古在《汉书·卷八十八·儒林传第五十八》注释中说"今新丰县湿汤之处，号愍（mǐn）儒乡"，其中"湿汤之处"应该就是卫宏所说"骊山陵谷中温处"，进一步巩固了卫宏的可信度。

汉代的温泉栽培有证可考。西汉桓宽所著的《盐铁论》中有记载："春鹅秋雏，冬葵温韭"。说的是当时富贵人家违反自然规

图 8-2-1　温室栽培示意图

律，追求奢靡生活，用温室栽培反季节蔬菜。其方式在《汉书·循吏传》中有详细记载："太官园种冬生葱韭菜茹，覆以屋庑，昼夜燃蕴火，待温气乃生"。即官家冬季在园田之上建屋室，靠烧火增加屋室温度，用来进行蔬菜生产，作为贡品，让皇亲国戚、达官贵人享用。反映了我国早在2 000多年前的西汉就有了比较成熟的温室栽培技术。不过也有不少大臣认为"不时之物，有伤于人"，并不合适给天子食用。

南宋出现了"堂花术"，可以人工控制开花时间，这是花卉栽培史上是一项重要的突破。南宋周密《齐东野语》中清楚记载："凡花之早放者，名约堂花"。花农们采用人工方法控制花卉的生长和开花时间。方法是把花卉放在纸做的房子中，利用水蒸气提高室温，让牡丹和桃花的花期提前；利用山洞的低温凉风，让桂花早开。人为制造了这种"足以侔（móu）造化，通仙灵"的奇迹。明清时代的温室有3种：第一种是简易的地窖式温室，没有加温设施，只靠地窖的良好保温性能和马粪发酵释放的热量来保证蔬菜的正常生长，是比

图 8-2-2 温室种植蔬菜

较经济的。第二种是地窖火暄式温室，有苗床，床下为火炕，可烧火加温，一般也用马粪壅培。第三种是立土墙开纸窗火暄式温室，苗床、火炕与第二种温室一样，只是东、北、西三面立土墙挡风，南面装倾斜式油漆纸窗。这样可以改变地窖不见风日的缺点，既可以充分利用太阳能，又可以烧火加温，是当时最先进的温室。有了先进的温室技术，当时的文人雅士才能够在新年互赠牡丹。

决定何时发芽是植物一生中做出的最重要决定之一。发芽太早，植物可能会受到冬季恶劣条件的伤害；发芽太晚，又可能竞争不过其他较早发育的植物。科学家指出，植物的这一"决策中心"包含两种细胞，一种能够促进种子休眠，另一种则可以促进种子发芽。这两种细胞通过移动的荷尔蒙进行交流，类似于我们的大脑在决定是否采取行动时的机制。与稳定的环境相比，在面对多变的环境时（如波动的气温），更多的种子会发芽。我国先民从秦代起，就懂得建造温室，人工控制植物的发芽、生长和开花时间。欧洲最早的温室"绿色的房屋"到17世纪才出现，日本和美国到19世纪才先后有了温室栽培技术，如果从秦朝开始计算，我国的温室栽培技术整整领先了世界将近2 000年。如今，人工温室已成为发展高效农业的重要措施。

3. 中国的传统艺术之一
——盆景制作

盆景是以植物、山石、土、水等为材料，经过艺术创作和园艺栽培，在盆中集中塑造大

自然的优美景色，达到小中见大的艺术效果，犹如立体的山水画。盆景源于中国，一般有树桩盆景和山水盆景两大类，前者以树木为主要材料，后者较多地应用山石、水、土作材料。可以说盆景是我国传统美学、文学和农业科技的综合体，并且随着时间和季节的变换，观赏者可以从盆景中体验到不同的姿态、色彩和意境。

我国幅员辽阔，各地地理环境和自然条件差异较大，产生了众多的盆景流派，以岭南派、川派、扬派、苏派、海派五大派系为传统盆景派系的主流。其中岭南盆景，通过截干蓄枝，打造苍劲自然的效果；四川盆景，采用棕丝蟠扎的手法，使整体奇峭多姿；苏州盆景，棕丝蟠扎，粗扎细剪，体现清秀古雅；扬州盆景，技法与苏州类似，却体现严整庄重；安徽盆景，粗扎粗剪后突出古朴奇特；上海盆景，利用铁丝蟠扎，扎剪并重，效果明快流畅。

我国的盆景历史悠久，根据考古和文献记载，在浙江余姚河姆渡遗址中发现的小陶片上，有方形陶盆上面种植类似万年青的图案，这说明早在新石器时期，我们的祖先就把植物栽种在器皿里面用于观赏。河北的汉墓壁画中更是出现了陶制卷沿圆盆，上面种了六枝红花，并且放置在一个花架上，植物、花盆、花架齐全，说明当时盆栽已经是社会上重要的艺术表现形式。发展到唐代，人们根据山水画的理念，把山石和植物组合制作出有山水画意境的盆景。陕西乾县发掘的唐章怀太子墓中，发现了一幅

图 8-3-1　盆景艺术

侍女捧盆景的壁画，是迄今所知的世界上最早的盆景实录。唐代大画家阎立本的《职贡图》中也出现了山水盆景的画面。日本盆栽起源于中国的六朝文化，在唐朝由遣唐使传播到日本。日本千叶大学教授岩佐亮二经过考证，在其所著的《日本盆景通史》证明了这一观点。宋代盆景已发展到较高的水平，并出现了专有名称。当时的著名文人如王十朋、陆游、苏东坡等，都对盆景作过细致的描述和赞美。元代高僧韫上人制作小型盆景，取法自然，称为"些子景"。《西湖老人繁盛录》记载："盆种荷花、素馨、茉莉、朱槿、丁香藤""市人门首各设大盆，杂植艾、蒲、葵花。"根据宋王十朋《岩松记》，当时还出现了用岩松和松树做成的盆景。明清时代盆景更加兴盛，许多关于盆景的著述问世。盆景一词，最早即见于明代屠隆所著的《考盘余事》。

盆景是文化艺术，发展状况和当时的社会经济繁荣程度紧密相关。在社会经济发达的唐代、宋代、明代以及清代前中期发展比较快，并且出现了不少关于盆景的文学作品和著作。清代后期统治阶级腐败，国力衰败，盆景艺术发展出现停滞，甚至倒退。

中华人民共和国成立后，特别是改革开放以来，古老的盆景艺术重新焕发生命力。盆景制作在公共园林、苗圃和民间家庭有了很大的普及，并成立了盆景协会，经常举办盆景园和盆景艺术展览等。不同门类的盆景作品不但在国内受到广大民众的喜爱，中国盆景古朴典雅，在世界上也开始享有美誉，受到海外人士的追捧。

4. 花卉四君子之一
——菊

　　菊花属于多年生草本植物，是经过长期人工培育的名贵观赏花。菊花被列为花卉"四君子"（梅、兰、竹、菊）之一，我国古代文人对它喜爱有加。不过野菊最初只开黄花，那么我国的先民是如何把它培育成如今拥有 3 000 多个品种的名贵花卉呢？

　　我国栽培菊的历史有 3 000 多年，主要经过长期人工选择，人为地栽种天然种、间杂种中的一些特殊变异植株，再通过种子、嫁接、压条、扦插和分根等方法繁殖而来。我国最早关于菊花的记载出现在战国时期的《周官》。《礼记·月令篇》也提到："季秋之月，鞠有黄华"，当时的菊花和现在一样是在秋季开花，当时还是野生的，开的是黄花。战国时期屈原的《离骚》有"朝饮木兰之堕露兮，夕餐秋菊之落英"的描述，意思是早晨饮用木兰花上滴落的露水，傍晚咀嚼秋菊飘落的花瓣，代表着志向高洁，不与世俗同流合污。秦朝栽培菊开始盛行，首都咸阳出现了展销菊花的盛大市场。汉朝《神农本草经》记载："菊花久服能轻身延年"，可见当时栽培菊主要用于食用和药用。魏晋南北朝时期，人们对菊花有了更深的认识，将其看作高风亮节的代名词。东晋诗人陶渊明对菊花十分痴迷，陶渊明的名句"采菊东篱下，悠然见南山"即是佐证。他在东园辟了个花圃，专门用来栽培菊花。每当秋风一起，东园中的菊花竞相开放，花朵黄白相间，青红错杂，引得满园蜂蝶纷飞。一些倾慕者又给陶渊明加了一个雅号，尊称他为"菊仙"。南北朝的陶弘景将菊花分为真菊和苦薏两种，真菊味道甘甜，可以用来煮羹汤；苦薏有蒿艾的味道，味道苦涩。到了唐代栽培菊开始普及，已经能够使用嫁接法繁殖菊花，出现了紫色和白色的新品种。这时菊花也开始传到日本，并且受到当地百姓的追捧。宋代对菊花新品种的繁育、整形摘心、养护管理都有了更多的经验，栽培菊的品种也丰富起来，并且真正开始从药用而转为园林观赏。《杭州府志》中记载："临安有花市，菊花时制为花塔"。可见南宋时首都临安出现了花市、花会。17 世纪末叶，荷兰商人将中国菊花引入欧洲，18 世纪传入法国，19 世纪中期引入北美。此后中国菊花遍及全球。

　　我国古代关于菊花的专著有 40 多部，记录了菊花繁殖、贮土、施肥、渗灌、除害等方面的宝贵经验。刘蒙的《菊谱》是最早记载观赏菊花的一本专著，记录了 26 个菊花品种。书中将菊花以花色归类，对花的形状也有记载。到了宋朝末年，菊花的颜色更加丰富，《百菊集谱》记载了 131 个菊花品种。明代周履靖的《菊谱》中提到通过去掉多余的花蕾和腋芽可以让菊花的花朵变大。

图 8-4-1　採菊（霜降）

清代程岱的《西吴菊略》总结了菊花栽培的六大诀窍："短发拌土可除蚯蚓，白芷垫底不生蛴虫，韭汁接力黄复绿，短本掐头枝梗方生，晴天扦插易根易发，秋发枝叶不损不伤。"

中华人民共和国成立前后，很多菊花品种流失，杭州菊花只剩下 70 多种。随后栽培菊产业很快得到恢复，到 20 世纪 60 年代，上海龙华苗圃菊花达 1 200 种，北京北海公园的菊花达到 1 381 种。南京农业大学一共整理出 3 000 多个菊花品种，各类艺菊专著也不断出版，菊花产业逐渐向专业化、产业化的方向发展。

5. 花中之王
——牡丹

牡丹又叫鹿韭，或鼠姑等，享有国色天香的美誉。花中之王牡丹是芍药科，芍药属植物，为多年生落叶小灌木，原产于我国。

牡丹在我国已有 1 900 多年的栽培历史，原产于我国西北部，秦岭和陕北山地多野生。汉代以药用植物记载于《神农本草经》，用于治疗血瘀病。南北朝时已成为观赏植物，谢林运《谢康乐集》中就有"永嘉水际竹间多牡丹"的记载。隋代在北方已有种植但尚未流行。唐代以后，牡丹开始盛行，当时以长安为中心广泛种植，种类也开始增多，观赏牡丹成为一种社会时尚。到了宋代，牡丹的种植中心从长安移到洛阳，欧阳修在《洛阳牡丹记》中称："洛阳牡丹天下冠"。宋代培育出姚黄和魏紫两个名贵品种，成为了牡丹的代称。南宋以后，牡丹种植中心开始南移，四川的天彭牡丹继起，有"小洛阳"之称。元代牡丹发展进入低潮期，品种退化，连重瓣的品种都少见。明代，牡丹栽培又开始兴盛，北京、太湖地区、兰州、广州等地广泛种植，亳州牡丹盛极一时。明朝嘉靖年间，曹州牡丹兴起，到了清代更加兴盛，栽培面积已达千亩，有"曹州牡丹甲天下"之说。从此，菏泽（古称曹州）牡丹在中国牡丹发展史上独领风骚 500 余年，2012 年菏泽牡丹栽培面积已达 12 万余亩。

牡丹栽培技术在宋代得到飞跃式的发展，诞生了不少关于牡丹的专著。周师厚的《洛阳花木记》中提到种子的采收技巧，即当牡丹的果实即将开裂，种子呈现轻微的黄色时，就要马上收集种子并进行播种，等种子完全变黑之后就很难再发芽。《洛阳牡丹记·风俗记第三》中记载了牡丹的嫁接方法，嫁接的时机需要选择在初秋后重阳前，在离地面 5～7 寸的地方截断嫁接，嫁接处用泥封好，覆盖上松土，罩上蒻叶挡风，在朝南的地方留一个出气孔，等到翌年春天再将覆盖物拿去。书中还提到了"转枝花"，是利用芽变嫁接而培养的新品种。赵希鹄的《调爕类

图 8-5　牡丹花开

编》中记载了分根移栽牡丹法，是继直播法、嫁接法之后的又一种栽培牡丹的技术。即在秋季将牡丹全根掘出，不能伤害到细须，在合适的地方劈开分根移栽，将小麦拌入土中，再用白敛粉末覆盖杀虫。此外，欧阳修的《洛阳牡丹记》、仲殊的《越州牡丹记》、张帮基的《陈州牡丹记》、陆游的《天彭牡丹谱》等，也记载了牡丹的种植技术和发展情况。

我国牡丹产业发展迅速，其中以洛阳牡丹和菏泽牡丹最为有名。如今，久负盛名的中国洛阳牡丹文化节被选入了国家非物质文化遗产名录。

6. 一骑红尘妃子笑，无人知是荔枝来
——荔枝

我国是世界上栽培荔枝最早的国家，荔枝原产于中国南部，属于亚热带果树，因为得到杨贵妃的喜爱而闻名。由此，唐代诗人杜牧写下"一骑红尘妃子笑，无人知是荔枝来"的千古名句。

荔枝与香蕉、菠萝、龙眼一同号称"南国四大果品"。它果皮鲜红，果肉多汁，香味浓郁，营养丰富。可以鲜食，亦可做成干果、罐头、果汁、果酒等。《本草纲目》记载："常食荔枝，能补脑健身，治疗瘰疬疔肿，开胃益脾，干制品能补元气，为产妇及老弱补品"。荔枝属于高产作物，而且寿命长，可以连续产果几十年甚至上百年；荔枝花期长、花量大，是非常优质的蜜源植物；荔枝树终年常绿，有利于美化环境；木质坚硬、纹理美观、抗虫耐腐，经常用于制作高品质家居用

图 8-6-1 荔 枝

品；果皮、树皮、树根，是良好的中药材。中国荔枝主要分布于北纬 18°～29°，广东栽培最多，福建和广西次之，四川、云南、贵州及台湾等省也有少量栽培。种植荔枝对我国南部地区农村经济的发展，具有重要的意义。

荔枝的栽培历史有 2 000 多年。据史料记载，南越王尉佗曾经向汉高祖进贡荔枝，说明汉代广东已经有荔枝。作为亚热带果树，荔枝没有办法在平均温度 20℃ 以下的环境生长，汉武帝尝试把荔枝移植到长安，没能栽活，并迁怒养护人，对他们施以极刑。虽然终止了移植，但当时能大批移植荔枝，说明育苗移栽技术已经有一定水平。宋徽宗时尝试将结果的荔枝树移植到宣和殿，获得了成功，但当年仅成熟了一次。明代《新荔篇》诗中曾提到常熟顾氏种活了几株，但究竟活了多久，没有下文。在中国福建莆田县城内，有一棵唐朝栽的古荔枝树，名叫"宋家香"，已有 1 200 多岁。它不仅是中国最老的荔枝树，也是世界罕见的高龄多产果树，在美国、巴西、古巴等地试栽成功。据说现在美国等国所种的荔枝，都是"宋

家香"的子孙后代。"宋家香"这棵千年古荔，已被列为福建省莆田县重点保护文物。

最早记载荔枝的文献是西汉司马相如的《上林赋》，书中描绘了种植荔枝的盛景，反映了汉代荔枝被广泛种植。当时荔枝写作离支，有"割去枝丫"之意。说明这种水果不能离开枝叶，假如连枝割下，保鲜期会加长。大约东汉开始，离支改称荔枝。古代记载荔枝的书籍大概有十几种，宋代蔡襄的《荔枝谱》是我国也是世界的果树志中年代最早的一部，记载了荔枝的 32 个品种，以及它们的产地、生态、功用、加工和运销等相关史实。其中写到的"宋公荔支，树极高大，世传其树已三百岁"就是位于福建省莆田县宋氏宗祠遗址中"宋家乡"古荔。

17 世纪末荔枝从中国传入缅甸，100 年后又传入印度，1873 年传入夏威夷，1897 年传入美国加利福尼亚，1954 年由中国移民带入澳大利亚。我国不但是荔枝的原产地，也是目前世界上最大的生产国，荔枝品种有 140 多个，其中以广东荔枝最为著名，福建、广西、四川、云南也均有生产，全世界将近 90% 的荔枝都产于我国。

7. 干果和中药材中的珍品
——香榧子

传说，舜为了躲避朱丹，和两位妃子躲藏在会稽山中，每日依靠野果果腹。有一日，舜下山会百官，两位妃子突然闻到山间飘来奇异的香味，循着香味找去，看到一位老妇人正在用石锅炒制"三代果"。两位妃子仔细一看，发现老妇人就是舜的母亲，她得知儿子和儿媳

图 8-7-1　采摘香榧

遇困，就下凡来搭救。之后，两位妃子将"三代果"种在了会稽山上。舜死后，两位妃子投湘江而死，百姓称她们为"湘妃"，把她们种下的"三代果"称作香榧子。

香榧子是一种干果，红豆杉科植物的种子，外面有坚硬的果壳，形状和大小像橄榄，含有丰富的油脂和特殊的香味，深受人们的喜爱。香榧树主要生长在长江以南地区，其中以浙江省诸暨市枫桥镇为香榧原产地和主产地，拥有 2 000 多年前的古香榧群落，是古代良种选育和嫁接的"活标本"，是我国重要农业文化遗产，被联合国粮农组织列为全球重要农业文化遗产保护候选地。香榧树是"寿星树"，可以活 400～500 年，是世界上稀有的经济树种。香榧结果的过程更加奇特，第一年开花，第二年结果，第三年才成熟，所以叫"三代果"。

图 8-7-2 香榧加工

关于榧树的记载最早出现在公元前 2 世纪的《尔雅》："杉也。其树大连抱，高数仞，叶似杉，其木如柏，作松理，肌细软，堪器用者"。指出榧树形高大，像杉树，可以做器具。有关榧子的利用，最早见于公元 3 世纪《神农本草经》："彼子味甘温，主腹中邪气，去三虫、蛇螫、蛊毒、鬼伏尸"，描述了榧子的药用价值。唐代陈藏器的《本草拾遗》记载："榧华既榧子之华……子如长槟榔，食之肥美"，首次提到了榧子作为干果食用。

唐代以前的文献中并没有提到榧实有好坏，到了宋代，优良的榧树品种已经被选育出来，出现在士大夫的餐桌和礼品清单上。明代《万历嵊县志》记载："榧子有粗细两种，嵊尤多"。现在当地仍把香榧子叫作细榧，香榧之外的榧树品种叫粗榧。清代《乾隆诸暨县志》记载："榧有粗细二中，细者为佳，名曰香榧"，这是第一次出现香榧的叫法，后来将人工嫁接的榧树优良品种定义为香榧。先民选择适合食用的榧树品种，将良种进行保存和推广。

香榧浑身是宝，营养价值高，自古就是干果和中药材中的珍品，早在宋代就被列为朝廷贡品。香榧子作为中药材具有杀虫、消积、润燥的功效，民间常让小孩食用香榧子以驱除蛲虫，这一功效也得到了现代临床医学的证实；榧子脂肪油含量高达 51.7%，甚至超过了花生和芝麻。榧子中含有的乙酸芳樟脂和玫瑰香油，是提炼高级芳香油的原料。此外，香榧树姿态优美、四季常青，又不易被病虫侵害，适合用于园林和庭院绿化；香榧树皮可以作为工业原材料，木材可以用于造船、建筑和家具等。

8. 中国"五果"之一
——红枣

　　我国是红枣的原产地和栽培中心，野生种的酸枣树在北部广泛分布。从发掘的碳化枣核和干枣看，早在 7 000 多年前，我们的祖先就开始采集和食用红枣。红枣维生素含量非常高，有"天然维生素丸"的美誉，民间也有"日食三颗枣，百岁不显老"之说。在农业上，红枣和桃、李、梅、杏一起列为"五果"，花期在 5～7 月，果期在 8～9 月，由于它耐旱、耐涝，是缺水地区发展林果业的首选品种，故有"铁杆庄稼"的称号。

　　枣在中国的文字记载就有 3 000 多年。最早见于《诗经·豳风·七月》中"八月剥枣，十月获稻"。《礼记》上有"枣栗饴蜜以甘之"的记载，说明枣用于菜肴制作。《战国策》有"北有枣栗之利……足食于民"，指出枣是燕国的经济命脉，在北方有重要作用。《韩非子》也记载了秦国饥荒时用枣栗救民的事，反映了民间一直视枣为"木本粮食"之一。枣作为药用也很早，《神农本草经》即已收录，历代药籍均有记载。至今，枣仍被视为重要滋补品。对于枣树的栽植培育，《广物博志》有记载："周文王时，有弱枝枣甚美，禁止不令人取，置树苑中。"《齐民要术》的记载更为翔实："选（枣）好味者，留栽之，候枣叶始生而移之。"《尔雅·释木》是中国第一部记录解释枣品种的书，其记录的周代枣品种已有壶枣、要枣、白枣、酸枣、齐枣、羊枣、大枣、填枣、苦枣、无实枣等 11 种。晋代《广志》记录有 20 多个品种。元代

图 8-8-1　山东枣庄古枣林——擎天树

《打枣谱》中记录定型的枣品种多达 72 种。到清代乾隆时期，《植物名实图考》所记录枣品种达到了 87 种。

　　在 2 000 多年前我国已经人工栽培枣树。宋代之前，我国的枣树主要通过实生苗繁殖。宋代开始有枣树嫁接技术的文献记载，提到嫁接时间为春分节气，通过种子播种培养砧木再嫁接该品种的接穗。明代《便民图纂·卷五·枣》中提到："将根上春间发起小条移栽，俟干如酒钟大，三月终，以生子树贴接之，则结子繁而大"，描述的就是枣树的发芽繁殖和嫁接的方法。除了枣树的繁殖，古人同样重视枣树的栽培和管理。在北方我们能看到枣农棒打枣树到遍体鳞伤，北魏《齐民要术》的解释是："正月一日日出时，反斧斑驳椎之，名曰

139

'嫁枣'。不斧则花而无实，斫则子萎而落也。候大蚕入簇，以杖击枝间，振去狂花。不打，花繁，不果不成。"原来棒打枣树类似于现代的果树环割技术和疏花法，为了破坏疏导组织，阻止枝条的养分向下输送，保证果实得到足够的养分。宋代《格物粗谈》强调了要用苘麻和秸秆绑在树冠上防雾。清代《花镜》提到："于白露日，根下遍堆草焚之，以辟露气，使不至于干落。"这些都是枣树的防雾工作，防止枣树得枣锈病。

中国枣约于公元1世纪经叙利亚传入地中海沿岸和西欧，19世纪由欧洲传入北美。中国作为红枣的原产国，是世界上最大的生产国，全世界98％的红枣都产自我国，新疆、陕西、山西、河北、河南、山东、四川、贵州等地均有出产。中国红枣果实饱满、颜色鲜亮、皮薄肉厚，是国际上最有竞争力的农产品。近年来，由于光照充足，新疆生产的"若羌"大枣最受消费者的喜爱。

图 8-8-2　山东乐陵枣林复合系统

9. 生活中不可缺少的"菜中之王"
——白菜

大白菜是一种原产于中国的蔬菜，又称结球白菜、包心白菜、黄芽白、胶菜等，在粤语里叫绍菜。属于十字花科芸薹属大白菜亚种。大白菜味道鲜美、营养丰富，是百姓家中不可缺少的一种蔬菜，种植面积和消费量在我国远远超出其他种类蔬菜，居第一位，有"菜中之王"的美称。

白菜是在我国有悠久的栽培历史。据考证，在我国新石器时期的西安半坡遗址发现的白菜籽距今6 000～7 000年。先秦时期，白菜是葑菜的一种。《诗经·谷风》中有"采葑采菲，无以下体"的记载，说明距今3 000多年前的中原地带，对于葑（蔓青、芥菜、菘菜，菘菜即为白菜之类）及菲（萝卜之类）的利用已经很普遍。到了秦汉，这种吃起来无涩而有甜味的菘菜从"葑"中分化出来；三国时期的《吴录》有"陆逊催人种豆菘"的记载。南齐的

《齐书·武陵昭王晔传》有"晔留王俭设食，盘中菘菜（白菜）而已"的记述，南朝的陶弘景说"菜中有菘，最为常食。"唐代出现了白菘、紫菘和牛肚菘等不同的品种。唐朝苏敬所著的《新修本草·菜部》描写道："菘有三种：有牛肚菘，叶最肥厚，味甘；紫菘，叶薄细，味少苦；白菘似蔓菁也"。宋时正式称之为白菜。宋代苏颂说："扬州一种菘，叶圆而大……啖之无渣，绝胜他土者，此所谓白菜。"明代李时珍引陆佃《埤雅》说："菘，凌冬晚凋，四时常见，有松之操，故曰菘，今俗谓之白菜。"

图 8-9-1　翡翠蝈蝈白菜

在唐代以前，我国的政治经济中心在黄河流域，文献大多体现华北的情况，宋代《黄粱梦》和《咸淳临安志》提到的黄芽菜，虽然还没有形成叶球，但已经有心芽。到了明代，《学圃杂疏》《群芳谱》《养余月令》中记录的黄芽菜，仍然不是真正的结球白菜。直到清代顺治年间，《朏城县志》首次记载了真正的结球白菜，当时河北安肃县生产的白菜，由于品质优良，被作为贡菜，安肃白菜后来也成为黄芽菜的代名词。到了康熙年间，黄芽菜种植开始在河南、河北、山东等地普及，然后不断向全国各地延伸。到了清代后期，结球白菜在除了西藏、新疆以外的全国各省，包括台湾都有种植，成为了我国最重要的蔬菜品种。明代以前白菜主要在长江下游太湖地区栽培，18世纪中叶（康乾盛世）在北方，大白菜取代了小白菜，且产量超过南方。华北、山东出产的大白菜开始沿京杭大运河销往江浙以至华南。从此胶州白菜驰名中外。到清代后期，全国各地出现了很多优良品种，像核桃纹、青麻叶、皇京白这些直到今天都在种植。

大白菜是在明朝时由中国传到李氏朝鲜的，之后成了朝鲜泡菜的主要原料。20世纪初，日俄战争期间，有些日本士兵在中国东北尝到这种菜觉得味道不错，于是把它带到了日本。在日本市场上出售的食品工厂生产的饺子，基本都是猪肉白菜馅的。今天，世界各地许多国家都引种了白菜。中国的老百姓特别是北方老百姓对白菜有特殊的感情。大白菜耐储存，在经济困难的时期，大白菜是他们整个冬季唯一可吃的蔬菜，一户人家往往需要储存数百斤白菜以应付过冬，因此白菜在中国演变出了炖、炒、腌、拌各种烧法。由于大白菜是在秋季玉米收获后播种，初冬收获，产量大，所以收获期间同时上市价格非常便宜，一些商家在促销商品时常用"某某商品白菜价"的口号形容其廉价。

我国长江以南是白菜的主要产区，种植面积占秋、冬、春菜播种面积的40%～60%。其中，江淮地区可以多茬种植，华南地区全年都可以生产。20世纪70年代后，中国北方栽培面积也迅速扩大，成为东北及华北地区冬春季节的主要蔬菜。由于品种繁多，适应能力强，加上价格低廉，和肉类和豆腐都能完美搭配，白菜已成为广大群众生活中不可缺少的重要蔬菜。

10. 中国人最常用的养生食材
——枸杞

全世界枸杞属植物有 80 多种，主要分布在南美洲，少量分布在欧亚大陆温带，我国有 7 种 3 变种，主要都分布于北方。在我国枸杞是药食两用农产品，具有日常保健功效，是中国人最常用的养生食材，百姓日常食用最多的为宁夏枸杞。

我国枸杞的种植、采摘、食用，至少也有 4 000 年的历史。最早关于枸杞的文献记载可以追溯到殷商时期的甲骨文卜辞，其中就有关于枸杞的占卜记载。"杞"字出现在殷商甲骨文上，说明它的种植年代必然是在殷商之前。甲骨卜辞中也有不少关于殷商时期农业生产的内容，"黍""稷""麦""稻""杞"等农作物的名称还与"田"联系在一起，说明当时枸杞应该已经属于人工栽培果树。虽然甲骨卜辞中出现的"杞"，有可能只是"姓氏""地名""国名"，但这是源于对"杞"这种植物的崇拜。根据《史记》《通志》记载："杞氏"是"夏禹之后"。《诗经》大约有 7 首诗写到枸杞，《诗经·小雅·北山》提到的"北山"和先秦的《山海经》所说的"长城北山"，都是指现在宁夏固原长城北面的"北山"，而宁夏中宁又是现在我国枸杞的主产区，可见这块低山丘岭区，古今都盛产枸杞。

图 8-10-1 明代枸杞浮雕

图 8-10-2 中宁枸杞收获

枸杞用于医药的历史迄今已有 3 000 余年。《诗经·小雅·北山》写道："陟彼北山，言采其枸。偕偕士子，朝夕从事。王事靡盬，忧我父母"，记述的是一个小吏带领役夫前往北

图 8-10-3　枸杞晾晒

山采摘枸杞，以供贵族享用，同时引发了对家中年迈父母的思念，说明当时贵族通过服用枸杞来滋补身体。晋朝葛洪用枸杞捣汁滴目，治疗眼科疾患，并在其所著的《抱朴子·内篇》称枸杞为西王母杖、仙人杖。传说西王母的手杖是枸杞茎。其花、叶、根、实都可作药，有益精补气、强身健体之效。他在《抱朴子·内篇（卷十一）·仙药》中把枸杞列为仙药，称其："上药令人身安命延，升为天神，遨游上下，使役万灵，体生羽毛。"就目前所知，枸杞的确有调节免疫、抗衰老、抗疲劳、调节血脂、降血糖、降血压、美容养颜、滋润肌肤以及增强造血功能等十几种功效。

　　到了隋唐时期，菜用枸杞种植应运而生。唐代医药学家孙思邈在全面总结劳动人民种植枸杞经验的基础上，在《千金翼方》中对人工种植枸杞的方法首次进行了详细描述：枸杞栽培主要采用扦插繁殖和实生苗繁殖两种方法，采用开沟种植和挖坑种植两种栽培模式，并对整地、施肥、灌水、采收方法和时间等每个生产环节都有具体的要求。到唐末五代时，枸杞栽培技术进一步成熟，韩鄂在其《四时纂要》记述当时的枸杞栽培以"畦种法"为主。当时种植枸杞的目的是为了采集嫩茎和新叶，作为日常食用的原料，并没有将果实作为生产的重点。大约到了元朝初年，传统的枸杞栽培技术已经全部形成，开始有了小苗移栽和植株压条育苗等新技术，采用新方法培育的种苗肥壮而高大，移栽成活率高，枸杞的利用重点也开始转变为采摘果实为主。到了明清时期，枸杞的种植技术已经没有太多的创新，但种植规模不断扩大。到了清代乾隆年间，宁安（现宁夏中宁县）一带，家种杞园。各省入药甘枸杞，皆宁安生产。

　　如今，国内最常见的是中华枸杞和宁夏枸杞。根据两种枸杞的分布特点，如果在中国东部、中部、南部地区发现，基本为中华枸杞或其变种，如果在西北发现，基本为宁夏枸杞或其变种。市场上的入药枸杞，已经全部人工栽培，野生枸杞完全退出了医药市场。

11. "水果之王"
——中华猕猴桃的驯化

　　猕猴桃是古老的落叶藤蔓果树，果实富含糖类、氨基酸、维生素和有机酸等营养元素，被誉为"水果之王"，具有较高的经济价值和栽培价值。猕猴桃原产地在中国湖南省湘西地区，秦岭北麓的陕西是中国猕猴桃资源最丰富的地区，民间人工栽培的历史达 1 000 多年。大约在 100 年前才被传播到新西兰，经过培育、改良之后风行全世界。

相传在古代，浙江上虞有一种野生果树，每年秋天结果，果实呈椭圆形，外面有黄褐色绒毛，当地人觉得丑陋，认为它有毒，也不让孩子们去碰它。一年秋天，一位叫舜的年轻人来当地开荒，意外发现，前一天还野果满树，第二天就只剩下光秃秃的树枝，地上也没有看到掉落的果实。第二年秋天，年轻人就召集山里人轮流值班观察究竟。人们发现，是一群群猴子，在夜间将野果抢摘一空。第三年，山里人开始尝试采摘品尝这种野果，发现酸甜可口，非常好吃，食用多年后，还发现身体变强壮了，年长的也变得身轻长寿了。由于猴子爱吃，果实长得又像猴子，人们就给它取名叫"猕猴桃"。

图 8-11-1 猕猴桃

我国最早关于猕猴桃的文字记载出现在《诗经》："隰有苌楚，猗傩其枝。夭之沃沃，乐子之无知！"这句话描写了洼地里的猕猴桃在风中摇曳的情景，"苌楚"是猕猴桃的古称。除《诗经》外，在《尔雅·释草》中也记载有苌楚，东晋郭璞注释时把它定名为羊桃，湖北和川东一些地方的百姓仍把猕猴桃叫羊桃。战国《山海经·中山经》有河南丰山多羊桃的记载。猕猴桃这个名称，很可能到唐代才出现。唐《本草拾遗》载："猕猴桃味咸温无毒，可供药用，主治骨节风，瘫痪不遂，长年白发，痔病，等等。"对猕猴桃的形态和用途作了阐述。唐代岑参《宿太白东溪李老舍寄弟侄》诗中有"中庭井栏上，一架猕猴桃"的记载，充分说明 1 200 年前陕西就有了猕猴桃的庭院栽培。

1899 年，英国的植物学家在我国发现了这种果实，并且把它的种子带回了英国，并在英国皇家园艺学会上展出了猕猴桃幼苗。1903 年一位新西兰女教师在宜昌获得了猕猴桃的种子，带回新西兰。经培育在新西兰广泛种植并改名美龙瓜，但新西兰瓜类税收较高，最终改名为奇异果。所以奇异果是猕猴桃经过人工选育后的一个品种，皮表绒毛分布均匀，手感光滑；而它的老祖宗中华猕猴桃，绒毛分布不均，触感粗糙。20 世纪 30 年代，猕猴桃又先后被美国、英国、日本、苏联、法国、意大利、印度、比利时、智利等国家引种。由于适宜的自然环境、科学的栽培、品种的改良等因素，新西兰生产的猕猴桃品质和产量不断提高。20 世纪 60 年代起，新西兰成为国际市场上猕猴桃的主要生产国家。

20 世纪 80 年代后，猕猴桃商业化栽培加快，到 90 年代，在世界范围内迅猛发展。我国北方的陕西、甘肃和河南，南方的两广和福建，西南的贵州、云南、四川，以及长江中下游流域各省都开始种植猕猴桃，我国再次成为猕猴桃主要生产国之一。

12. 凉争冰雪甜争蜜、消得温暾倾诸荼
——西瓜

西瓜是一年生的蔓性草本植物，由于是从西域传入我国，所以叫作"西瓜"，又称夏瓜、寒瓜、青门绿玉房。一般认为西瓜原产于非洲，目前我国是世界上最大的西瓜产地。在漫长的栽培历史中，我国人民培养很多优良的品种，有些品种，流传至今，深受当地百姓的喜爱。

关于西瓜的起源，学术界说法不一。但大部分学者认为西瓜源于非洲的撒哈拉沙漠，早在5 000～6 000年前，埃及人就开始种植西瓜，然后通过地中海和亚欧大陆向东推广，五代时期传入我国。古代文献也大多印证这一说法，明代《本草纲目》中记载："按胡峤于回纥得瓜种，名曰西瓜。则西瓜自五代时始入中国，今南北皆有。"随着考古的发现，20世纪70～80年代，我国广西贵县和江苏省扬州的汉墓中先后发现了西瓜籽。于是诞生了另一种说法，即汉武帝时期，张骞通过丝绸之路引进了西瓜。后来，浙江水田畈新石器时代遗址中也出土了西瓜籽，倘若这一考古结果属实，西瓜在我国的历史至少有4 000年以上。但在五代之前我国史书上并没有关于西瓜的记载，所以缺乏文字的记载和考证。

图 8-12-1 设施栽培西瓜田间销售

在中国现存的典籍中，西瓜最早的记载诞生于五代。契丹会同十年（公元947年），胡峤出使契丹随后被扣押7年，在此期间著有《陷虏记》一书，反映了契丹的地理风俗。书中明确写到了品尝西瓜的经历和西瓜的种植方法："遂入平川，多草木，始食西瓜，云契丹破回纥得此种，以牛粪覆棚而种，大如中国冬瓜而味甘。"后来欧阳修在《新五代史》中也记述了胡峤在契丹食西瓜的情况，但并没有记载他是否将瓜籽带回。南宋时出现了把西瓜带入

中原的关键人物——南宋的礼部尚书洪皓。宋高宗时派遣洪皓为通向使，在金国任职达 15 年之久，他在《松漠记闻》中对西瓜的形状、颜色、作用都作了具体描述："西瓜形如匾蒲而圆，色极青翠，经岁则变黄，其瓤类甜瓜，味甘脆，中有汁，尤冷。"洪皓回到中原后，大力推广种植西瓜，中原地区种植西瓜的记载便在各类文献中出现了。西瓜传入我国后，最早在黄河流域种植，南宋时期流传到长江流域。湖北省恩施市东的柳州城山发现一块南宋时期的西瓜碑，碑文中记载了西瓜的淹种技术，说明当时已掌握了比较科学的西瓜种植方法。清代征服台湾之后，皇帝命令将山西榆次一带的西瓜种子送到福建，闽浙总督派专人到台湾种植。台湾的热带气候使得西瓜成熟很快、口感香甜，成为深受皇帝喜爱的进贡佳品。台湾西瓜于 8 月下种，12 月成熟，正月十五以前在福州府启程，运送回京。据清宫档案记载，雍正元年，雍正皇帝对进贡的台湾西瓜非常满意，特别批示："本年西瓜甚好"。

西瓜栽培技术在史书中出现较晚，元代《王祯农书》中记载："多种者，堡头上漫掷，劳平，苗出之后，根下壅作土盆。"说明当时的西瓜一般都采用瓜子撒播在本田的种植方法。随着南方栽培技术的不断提高，明代太湖地区开始采用育苗移植的方法。由于西瓜经济效益较高，且生长周期短，南方不少农民放弃水稻改种西瓜。西瓜的株距比较大，也有些地区采用间作的方法栽培，将西瓜和芝麻，瓜和姜或辣椒间作。明代的《群芳谱》还介绍了西瓜种植中除虫和摘心的技术："蔓短时作棉兜，每朝取虫，恐食蔓，长则已。顶蔓长至六七尺则掐其顶心，令四旁生蔓。"到了清代，西瓜的栽培技术逐渐精细，栽培区域也扩大到全国各地，《三农记》中从选择土地、耕耘、排水播种到瓜田的管理都做了详细记载，总结出一套西瓜收种和栽培的方法。

我国劳动人民在西瓜栽培过程中，培育了不少优良品种，各地出现了一些著名的优势产区。中国西瓜远销海外，中国也是世界上最大的西瓜生产地。

13. 世界最早的食用菌栽培方法
——唐代种菌法

真菌，是一种真核生物。研究人员在岩石中发现了类似真菌的化石，估计已有 24 亿年历史了。这些化石可能代表着世界上最古老的菌类。这一发现可能迫使科学家重新思考地球早期生命进化的确切时间。

真菌已发现的有 7 万多种。食用菌是指子实体硕大的、肉质或胶质可供食用的大型真菌，通称蘑菇。食用菌的营养价值高，富含蛋白质、核酸、糖类与纤维素、维生素、矿物质，具有抗肿瘤、增强免疫力、调节血脂、解毒保肝、降血糖等功能。中国食用菌资源十分丰富，有香菇、木耳、银耳、猴头菇、松口蘑、红菇和牛肝菌等。其中，南方生长的大多是高温结实性真菌；高山地区和北方寒冷地区生长的大多是低温结实性真菌。中国是最早栽培、利用食用菌的国家之一。7 000 年前的浙江河姆渡遗址出土过菌类遗存物，1 100 多年前已有人工栽培木耳和金针菇的记载。至少在 800 多年前香菇的栽培已在浙江西南部开始。

图 8-13-1　传统剁花法栽培香菇

图 8-13-2　食用菌栽培

　　食用菌进入我们祖先的食谱，最早可以追溯到新石器时代。浙江河姆渡遗址出土过菌类遗存物，证明早在 7 000 年前我国的祖先就开始采摘和食用菌子了。《吕氏春秋》中出现过描述香菇味美的语句："味之美者，越骆之菌。"《尔雅·释草》中也提到一些菌类的名称。汉代的《神农本草经》记载了十几种大型真菌。到了 1 300 多年前的唐代，我国首次出现了系统描述食用菌种植的文字记录，韩鄂《四时纂要》中的"种菌子"详细地描述了菇类的栽培方法："取烂构木及叶，于地埋之。常以泔浇令湿，两三日即生。"这是一种符合现代食用菌栽培原理的方法，取烂木埋在地里，等同于现在人们在浅坑内填放培养料；出菇后不马上采收，打碎后埋入土内，是为了利用碎片扩大播种；施粪和淘米泔水是为了增加营养素。根据现代真菌学家考证，《四时纂要》中所说的"菌子"，应该是金针菇。公元 7 世纪，唐代人民发明了了木耳的人工种植方法，在唐代苏恭所著的《唐本草注》中有所记述："桑、槐、楮、榆、柳，此为五木耳……煮浆粥，安诸木上，以草覆之，即生蕈耳。"香菇栽培起源于800 年前我国浙江庆元、景宁、龙泉一带。相传吴三公发明了砍花栽培法和敲木惊蕈法。宋代还诞生了世界上最早的食用菌类专著——《菌谱》，书中记述了 11 种菌，并对每一种的生长、形状、色味、采收时间作了详细的说明。元代《王祯农书》中记载了香菇的选树、砍花、惊蕈技术，是古代人工栽培香菇的精髓。清代《广东通志》（1822 年）记载了草菇起源于我国广东韶关的南华寺，后由我国华侨传入东南亚。我国特有的栽培菌银耳起源于四川通江，至少在清同治四年（1865 年）已有大规模人工栽培。

　　这种传统的砍树砍花、自然接种的半人工栽培方法在我国一直用到 20 世纪 70 年代，之后才出现人工接种栽培食用菌。改革开放以来，我国的食用菌产业快速发展，并经历庭院经济、特种蔬菜生产、成片的集约化和工厂化生产的四大阶段。据统计，我国目前的食用菌种类达 938 种，人工栽培的有 50 余种，已经成为我国主要的经济作物之一，我国也成为世界上食用菌的第一生产国。

九、水利篇

1. 生命之源泉，农业之命脉
——古代水利

水是生命之源，生物离不开水，农业与生物朝夕相伴，水利是农业的命脉。我国是世界上发展农田水利最早的国家之一，古代农业生产是在与洪、涝、旱、碱、沙等自然灾害斗争的过程中逐步发展起来的。我们的先民从农业生产实践中认识到，要想进一步提高产量，就必须"修堤梁（修堤堰）、通沟浍（kuài）（筑水渠）、行水潦（lǎo）（疏通水道）、安水臧（蓄贮水流）"，解决农田灌溉问题，通过治理江河湖海、修筑陂塘坝堰水利工程来有效抵御水旱灾害，以自流、引流和提水灌溉等方式，有效地促进了农业的发展，改变了耕作栽培制度和种植作物的种类，形成了许多重要农业经济区。因此，有专家把水利工程、物候历法、传统农具和农作物育种技术，并称为我国古代农业的四大发明。

图 9-1-1　宏村半月形月沼

相传最早开展治水的人是一位叫共工的氏族首领。他是神农的后裔，居住在今天的河南辉县一带。共工"雍（yōng）防百川"，发明了筑堤蓄水的办法，治水有功，被推举为辅佐帝尧的史上第一位"水利部长"。但用土堤来挡水，这种方法没有疏通河流，水依然会漫流泛滥成灾，所以共工的治水最后遭到失败。与共工齐名的治水人物是大禹的父亲鲧（gǔn）。鲧采取的"水来土掩"的办法，没有成功。到尧、舜时又发生全国性洪水，禹受命治水，导江河，开沟洫，多方面开发水利。可见，到夏代时，我国人民就掌握了原始的水利灌溉技术。

西周时期已构成了蓄、引、灌、排等初级农田水利体系；春秋战国时期，铁器的使用和推广又为挖渠筑坝，兴修水利创造了物质条件，因而一些大型农田水利工程，便在各诸侯国先后兴建起来，其中都江堰、郑国渠等一批大型水利工程的完成，促进了中原、川西农业的发展，成了历史上比较著名的水利工程。秦汉是我国农田水利事业的蓬勃发展时期。西汉以前，水利建设重点是在我国北方；东汉以后南方逐渐得到开发，农田水利事业也相应得到发展，同时一些大型灌溉工程开始跨过长江。魏晋时期，淮河流域的陂塘灌溉事业发展起来，往往大小陂塘和渠相互串联，组成一个分布广泛的陂渠串联灌溉网。隋唐宋元时期，政治、经济中心南移使南方的农田水利事业得到了迅速的发展，其规模和数量都明显地超过北方，主要分布于太湖流域，鄱阳湖区及浙东等地，成为我国农田水利建设新的中心。明清两代水利工程相当发达，大力修建江浙海塘，同时注意边区水利建设，虽然小型水利工程居多，但对农业生产的发展起到重要的保障作用。

今天，水利不仅关系到防洪安全、供水安全、粮食安全，而且关系到经济安全、生态安全、国家安全。我国人均水资源量仅为世界人均水平的28％，水资源供需矛盾突出。只有珍惜和保护水资源，节约用水，才能确保农业的可持续发展。

2. 继承父志，成就大业
——大禹治水

相传禹治黄河水患有功，受舜禅让继帝位。后人称他为大禹，也就是"伟大的禹"的意思。他是我国历史上第一位成功地治理黄河水患的治水英雄。大禹治水传说正体现了中华民族的勤劳、智慧、勇敢、奉献、坚毅不屈、万众一心战胜困难的民族精神。

远在距今约5 000年的炎帝、黄帝时代，散布在黄河流域的许多部落，已经结成联盟，这便是后人所称的"炎黄部落联盟"。结盟后，对大自然斗争的能力，大大增强了。几百年后，当尧、舜相继担任这个联盟的首领时，黄河中下游洪水泛滥，淹没了平地，包围了山陵，百姓叫苦不迭。于是，尧命令居于崇（河南嵩山）的部落首领鲧负责治水。鲧治水失败后由其独子禹主持治水大任。禹接受任务后，首先就带着尺、绳等测量工具到全国的主要山脉、河流做了一番周密的考察。他发现龙门山口过于狭窄，难以通过汛期洪水；他还发现黄河淤积，流水不畅。于是他确立了一条与他父亲的"堵"相反的方针，叫作"疏"，就是疏通河道，拓宽峡口，让洪水能更快地通过。禹采用了"治水须顺水性，水性就下，导之入海。高处就凿通，低处就疏导"的治水思想。禹根据轻重缓急，定了一个治的顺序，

图9-2-1　大禹执锸图

151

先从首都附近地区开始，再扩展到其他各地。这说明禹的治水方法比较科学合理。当禹治水到他家所在地涂山国时，三次经过家门，都因治水忙碌，无法回家看看。他的妻子到工地看他，也被他送回。禹率领民众，联合各方面的人与自己一起治水。凿开了龙门，挖通了9条河，历时13年，终于完成了这一件名垂青史的大业。大禹治水也得到神助，相传他治理黄河时有三件宝：一是河图；二是开山斧；三是定海神针。河图是黄河水神河伯授给大禹的，大禹得了黄河水情图，日夜不停，根据图上的指示，终于治住了黄河水患。

为了纪念大禹的功绩，各地出现了很多纪念大禹功绩的庙宇，在安徽怀远县涂山上，就有一座唐代之前的古老建筑——禹王宫，每年阴历三月二十八，周边数万民众都会赶到山顶，向禹王朝拜。位于山西省芮城县东南5千米的黄河岸边的神柏峪，相传是大禹勘察水情，并在河边的柏树上拴马歇脚的地方。后人在此处河边修建了一座禹王庙，以示纪念。在浙江省绍兴市的会稽山下，人们还修建了大禹的陵墓——禹陵，以纪念他的丰功伟绩。

3. 世界最长的人工运河
——京杭大运河

京杭大运河，是世界上里程最长、工程最大、最古老的运河之一，与长城并称为我国古代的两项伟大工程。它北起北京，南到杭州，经北京、天津两市及河北、山东、江苏、浙江四省，贯通海河、黄河、淮河、长江、钱塘江五大水系，全长约1 794千米，其航程是苏伊士运河的16倍，巴拿马运河的33倍。它是我国重要的一条南北水上干线，至今已有2 500多年的历史。

图9-3-1　京杭大运河（天津三岔河口）

京杭大运河沿线是我国最富庶的农业区之一，其开凿与演变大致可分为3个时期。首期为运河的萌芽时期，春秋吴王夫差十年（公元前486年）开凿联结长江和淮河的邗（hán）沟，这为我国最早有明确记载的运河。战国时期又先后开凿了大沟和鸿沟，将江、淮、河、济四水相互联通。这条鸿沟就是当年楚汉相争时，东楚西汉的边界。中国象棋盘上的"楚河汉界"即由此得来。第二期，主要指隋代的运河系统，分为永济渠、通济渠、邗沟和江南河4段。第三期，元定都大都（今北京）后，为将粮食从南方运至京都，先后开凿了3段河道，将过去以洛阳为中心的隋代横向运河修筑成以大都为中心、南下直达杭州的纵向大运河。明清时期，在维持元代运河的基础上，开始重新疏浚元末已废弃的山东境内河段，完成了泇口运河、通济新河、中河等运河工程，并在江淮间开挖了月河。如今大运河被纳入了"南水北调"三线工程之一，继续为解决北方缺水，为北方经济发展提供保障，改善北方地区的生态和环境发挥重要作用。

作为我国南北水上交通的大动脉，京杭大运河将不同江河流域的生产区域联系在一起，建立了将各地物资输往都城的历时千年的漕运体系，促进了沿岸城市和农业的发展，并以其特有的沟通功能将全国的政治中心与经济重心连接在一起，维持着王朝的生命。京杭大运河显示了我国古代水利航运工程技术领先于世界的卓越成就，留下了丰富的历史文化遗存，孕育了一座座璀璨明珠般的名城古镇，积淀了深厚悠久的文化底蕴，凝聚了我国政治、经济、文化、社会诸多领域的庞大信息。大运河沿线的北京、河南等8个省35个城市的大运河遗产已整体申报世界遗产，并于2014年成功列入世界遗产名录。

4. 秦兵攻克岭南的法宝
——灵渠

灵渠位于广西兴安县境内，又名兴安运河、湘桂运河和秦凿河，是世界上最早的船闸式梯级通航运河。它与陕西的郑国渠、四川的都江堰并称为"秦代三大水利工程"，有着"世界古代水利建筑明珠"的美称。

图 9-4-1　灵渠陡门

图 9-4-2　灵　渠

公元前221年，秦始皇吞并六国、平定中原后，立即派出30万大军，北伐匈奴；接着，又挥师50万南下，平定"百越"。为尽速征服岭南，秦始皇下令开凿渠道。监察御史史禄奉命在兴安开凿灵渠，以通粮道。灵渠设计科学，建造精巧。由铧嘴、大小天平、泄水天平和陡门组成。铧嘴位于"人"字形石堤前端，用石砌成，锐削如铧犁，将湘江水三七分流，其中三分水向南流入漓江，七分水向北汇入湘江。灵渠的大小天平石堤起自兴

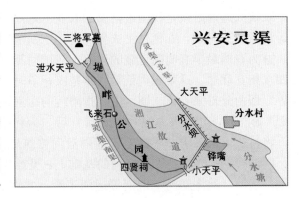

图 9-4-3　灵渠示意图

安城东南龙王庙山下呈"人"字形，左为大天平石堤，伸向东岸与北渠口相接；右为小天平石堤，伸向西岸与南渠口相接。天平石堤顶部低于两侧河岸，枯水季节可以拦截全部江水入渠，泛期洪水又可越过堤顶，洩入湘江故道。南渠即人工开凿的运河，在湘江故道南，引湘水穿兴安城中，经始安水、灵河注入大榕江入漓。在湘江故道北开凿北渠，渠水北流，引航湘江来往船只。

灵渠上的陡门是世界上最早、最巧的运河水闸。相传在当年修筑好灵渠后，秦始皇特别恩准一个季姓军官带着随从士卒、家眷们在灵渠第一座陡门安居下来，世世代代守护着灵渠以及三十六座陡门，并因此改为陡姓。

灵渠建成于秦始皇33年（公元前214年），全长37千米，宽5米，沟通了湘江、漓江，打通了南北水上通道，构成了遍布华东华南的水运网，大批粮草经水路往返岭南，为秦王朝统一岭南提供了重要的保证。公元前214年，即灵渠凿成通航的当年，秦兵就攻克岭南，随即设立桂林、象郡、南海3郡，将岭南正式纳入秦王朝的版图。

5. 韩国的疲秦之计
——郑国渠

郑国渠位于今天的泾阳县西北25千米的泾河北岸，是由韩国水工郑国主持兴建的关中最早的大型水利工程。它西引泾水东注洛水，长达150多千米，是我国古代最大的一条灌溉渠道。可灌田4万余顷（约合今110多万亩），灌区收皆亩1钟（约合今100千克），为6石4斗，比当时黄河中游一般亩产1.5石要高许多倍。

那么韩国水工郑国为什么跑到秦国去修渠？原来，战国后期，秦国逐渐强大，韩国担心秦国大兵压境，吞并韩国，就想借此拖垮秦国，使其不能东进伐韩。于是物色水工郑国承担这一艰巨而又十分危险的任务。秦王采纳了郑国的建议，委托郑国负责在关中修建一条大渠。工程进行当中，韩国的疲秦之计被发觉，秦王要杀掉郑国。郑国承认开始时确实是作为

间谍建议修渠的，但他申辩说，即使大渠竭尽了秦国之力，暂且无力伐韩，对韩国来说，只是苟安数岁罢了，可是渠修成之后，可为秦国造福万代。秦王被郑国的话打动了，让他继续主持修渠。经过成千上万民众十个寒冬酷暑的艰苦努力和辛勤劳动，大渠终于修成了，关中成为肥沃的田野。这项原本为了消耗秦国国力的渠道工程，反而大大增强了秦国的经济实力，加速了秦统一天下的进程。秦国因此富强起来，吞并了各个诸侯国，统一了天下。关中地区的老百姓为了纪念郑国的业绩，就把这条渠命名为"郑国渠"。

图 9-5-1　郑国渠遗址

郑国渠的干渠是引用渭水支流泾水，向东注入洛水，全长 150 余千米。这条从泾水至洛水的灌溉工程，在设计和建造上充分利用了当地的河流和地势特点。在渠系布置上，干渠设在渭北平原二级阶地的最高线上，从而使整个灌区都处于干渠控制之下，既能灌及全区，又形成全面的自流灌溉；在渠首位置选择上，这里泾水流出群山进入渭北平原的峡口下游，河身较窄，引流无须筑过长的堤坝；在防洪方面，修退水渠，可以把水渠里过剩的水泄到泾河中去，并利用焦获泽（古湖泊，位于泾阳县西北），蓄泄多余渠水。此外，还采用"横绝"技术，把沿渠小河截断，把小河下游腾出来的河床变成了可以耕种的良田。

郑国渠工程之浩大、设计之合理、技术之先进、实效之显著，在我国古代水利史上是少有的，也是世界水利史上少有的。郑国渠首开了引泾灌溉之先河，对后世引泾灌溉发生着深远的影响。秦以后，历代继续在这里完善其水利设施：先后历经汉代的白公渠、唐代的三白渠、宋代的丰利渠、元代的王御史渠、明代的广惠渠和通济渠、清代的龙洞渠等历代渠道。1929 年陕西关中发生大旱，近代著名水利专家李仪祉先生临危受命在郑国渠遗址上修泾惠渠，历时近两年，引水量 16 米³/秒，灌溉 60 万亩土地，造福百姓。

6. 军事家西门豹兴修的西门渠
——引漳十二渠

引漳十二渠是战国著名的政治家、军事家和水利专家西门豹任邺令时主持修筑的，又称西门渠。是战国初年第一个大型引水渠系统，比李冰所筑的"都江堰"还早 160 多年，是我国见诸文字记载历史上最早的大型引水渠系统工程。

引漳十二渠渠首在邺西 9 000 米，相延 6 000 米内有拦河低溢流堰 12 道，各堰都在上游右岸开引水口，设引水闸，共成 12 条渠道。灌区在漳河以南（今我国中部河南省安阳市北）。漳水浑浊多泥，可以灌溉肥田，提高产量，既减少了河水泛滥之祸，又肥沃了土壤，邺地因此而富庶。引漳十二渠经不断整治，灌溉效益一直延续到唐代至德年间（756—758年），有1 000多年。

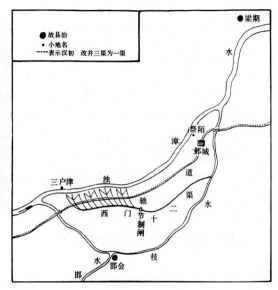

图 9-6-1　漳水十二渠图

邺（yè）地是个军事要地。土地肥沃，气候温和，但是境内的漳水却常常泛滥成灾，人们深受水患之苦。地方官吏、土豪劣绅和以装神弄鬼为职业的巫婆却串通一气，趁机造谣惑众，每年张罗"河伯娶亲"，选送一个漂亮的姑娘去给"河伯"做媳妇，搜刮民财，坑害百姓。西门豹到任后，到了河伯娶媳妇的日子，西门豹和当地父老赶来送亲。西门豹以这新娘不漂亮河伯不会满意，要给河伯挑一个漂亮的，过两天送去，麻烦巫婆先给河伯说一声为由，命令卫士把老巫婆投进了漳河。过一会儿，又以催促老巫婆回来为由，命卫士把老巫婆的三个弟子和三老先后投进了河中。看到这种情景，周围的人都吓呆了。可是西门豹仍然不动声色，严肃恭敬地等着。再过了一会儿，西门豹又要派县令的属吏和一个豪绅去送口信。他们早已个个吓得面如土色，连忙跪下来磕头求饶。从此以后再没有人提起为河伯娶亲了。

揭穿了巫婆神怪的种种骗局以后，西门豹就请来魏国的名工巧匠一起察看漳水地形，进行规划设计，随即"发民凿十二渠，引河水灌民田"。这就是著名的引漳十二渠，我国最早的多首制大型引水渠系。引漳十二渠的渠首是在漳水出山口处，即冲积扇上部，引水口都在漳水南岸。这里地势很高，土质坚硬，河床稳定，引水方便。加之河水含泥沙量大，设计采取多水口方式，能够获得良好的灌溉效益。这说明当时的水利工程技术已达到了相当高的水平。引漳十二渠在大水时可以分泄漳河洪水，干旱时可以用来灌田10余万亩。漳水含有大量的细颗粒泥沙，有机质肥料丰富，引水灌田不仅可以补充作物需水，而且能够落淤肥田，遍布于十二渠两岸的盐碱地也因此得到了改良，使邺的田地"成为膏腴"，每亩粮食产量较修渠前提高了8倍以上。水利的开发加速了经济的发展，魏国也随之富强起来。

功名盖世的西门豹，却遭到乡官豪绅的陷害，被魏文侯的儿子武侯杀害，含冤死去。西门豹死后，邺地百姓在他治水的地方兴建了西门豹大夫庙和投巫池，宋、明、清3朝还为他树立了碑碣。直到现在，河北临漳地区还有一条渠，叫西门子渠。它也是一个纪念碑，记载着2 400多年前这位无神论者的治邺功绩和人民群众对他的崇敬与感念。

7. 历史上最伟大的水利杰作
——四川都江堰

　　都江堰水利工程是由秦国蜀郡太守李冰及其子率众于公元前256年左右修建的无坝引水工程。它是当今世界留存年代最久、我国历史最为著名的水利工程，开创了我国古代水利史上的新纪元，被誉为"世界水利文化的鼻祖"，与青城山共同作为一项世界文化遗产被列入世界遗产名录。

　　秦昭襄王五十一年（公元前256年），蜀郡守李冰和儿子在前人治水的基础上，采用中流作堰的方法，在岷江峡内用石块砌成石埂——都江鱼嘴（也叫分水鱼嘴），将岷江水流为两支，东水叫内江，供引渠灌溉之用，既解除了东边地区的干旱，又减少了西边江水的泛滥。李冰父子选择在内江入水口附近，以火烧石、爆裂岩石，凿出一个宽20米、高40米、长80米的山口，形状似宝瓶，成为"宝瓶口"。把凿开玉垒山分离的石堆，称为"离堆"，发挥了第二道分水的作用，经历千百年的冲刷。为了控制流入宝瓶口的水量，李冰在宝瓶口对面还构建了飞沙堰溢洪道与离堆相连，主要是当内江的水量超过宝瓶口流量上限时，多余的水便从飞沙堰自行溢出。如遇特大洪水的非常情况，它还会自行溃堤，让大量江水回归岷江正流。飞沙堰的另一作用是"飞沙"，让洪水中挟着大量泥沙、石块从飞沙堰流入外江。

　　在长期的生产实践中，古人还摸索出一套都江堰的管理经验，总结出"深淘滩，低作堰"的六字诀，作为"岁修"的原则，意思是说，每年维修时要深淘"宝瓶口"上游河滩附近淤积的沙石，而"飞沙堰"的堰顶却不可做得过高，以免阻碍洪水外泄。李冰雕刻了三个石桩人像，放于水中，以"枯水不淹足，洪水不过肩"来确定水位。在洪水期间60%的水量从外江泄走，以保证灌区的安全；而在枯水季节，则使60%的水量流入内江，以保证农田灌溉用水。

图 9-7-1　李冰石刻像

　　李冰所创建的都江堰科学地解决了江水自动分流、自动排沙、控制水流量等问题，使都江堰的饱和进水量保持在每秒700立方米左右。它是一个科学、完整、极富发展潜力的庞大的水利工程体系，造就了世界水利工程史上的一个最伟大的杰作，使成都平原从此"水旱从人，不知饥馑"，成为富庶的天府之国。建堰2000多年来经久不衰，而且发挥着越来越大的效益，灌溉40多县、60多万公顷的农田。在2008年都江堰水利工程遭遇了千年不遇的汶川大地震，居然完好，仅为纪念李冰父子而建的二王庙垮塌，并已得到了及时的修缮。

图 9-7-2　李冰父子修筑都江堰场景

图 9-7-3　"深淘滩，低作堰"石刻

8. 为淹城而修筑的战渠
——白起渠

　　白起渠是战国时期修建的军事水利工程，建设时间比著名的都江堰水利工程还要早 23 年，是我国最早的灌溉渠。这条长渠西起湖北省南漳县谢家台，东至宜城市郑集镇赤湖村，蜿蜒 49.25 千米，号称"百里长渠"，至今仍灌溉着宜城平原 30 多万亩良田。

　　白起渠以春秋战国四大名将之首白起命名。白起一生征战 70 多次，以不败完成他完美的一生。据历史记载，公元前 279 年，白起率兵进逼鄢城，久攻不下之时，于距鄢城百里之遥的武安镇蛮河上垒石筑坝，开沟挖渠，以水代兵，引水破鄢。水溃鄢城西城墙，又决东城墙，百姓随水流，死亡数十万。因白起伐楚有功，秦王封他为武安君，湖北南漳的武安镇由此而得名。战后，周围农民用此渠灌田，"战渠"由此变为灌渠。白起渠几经兴废，史料记载，古代历史上曾 5 次对长渠进行了较大规模地修整。民国时期，爱国名将张自忠将军发起复修，施工历时 5 年，终因战乱半途而废。中华人民共和国成立初，国家投入物资和 4 万劳力修复了长渠工程，使长渠和木渠连成一片，形

图 9-8-1　白起雕像

成引蓄、堤相结合的灌区。

长渠之名，最早见于中唐时期的《元和郡县图志》。与一般沟渠不同的是，长渠流经之处，沿线还串起了大量的水库和堰塘。如果说长渠是一条藤，沿渠与之串通的水库、堰塘，就是一个个"瓜"。这些"瓜"包括 10 座中小型水库，2 671 口堰塘。《大元一统志》载有"长渠起水门四十六，通旧陂四十有九"，即指长渠灌区有 49 口堰塘与渠道相通，常年蓄水，忙时灌田。这些"瓜"的作用，在非灌溉季节，拦河坝使河水入渠，渠水入库、塘，农田需水时，随时输水灌溉。在灌溉季节，长渠供水给库、塘，多者 3、4 次，少者 1、2 次，库、塘循环蓄水，提高了库、塘的利用率。这样一来，整体工程实现了以多补少、以大补小、互通有无，平衡水量，充分发挥了工程的最大潜力。长渠还巧妙地运用了节制闸和分时轮灌，渠水不仅可直接引到田边，而且避免了浪费。长渠有的众多"水门"，层层"把关"，需水时就近抬高水位，直接灌溉。更让人叫绝的是"分时轮灌"技术，以 9 天（216 个小时）为一轮，以各节制闸控制区域划分范围，分时轮灌。

百里长渠灌范围包括宜城、南漳 6 个乡镇及 4 个农场，面积达 978.28 平方千米。因为长渠的作用，宜城自古被称为"天下膏腴"之地。沿长渠一路下行，两边全是茂盛的庄稼。"武安南伐勒齐兵，疏凿功将夏禹并。谁谓长渠千载后，蛮流犹入在宜城。"唐代胡曾的这首《咏长渠》，在宜城市童叟皆知，讲的就是长渠历经沧桑岁月，养育着一方百姓。

9. 中国第一条地下水渠
——龙首渠

龙首渠是在汉武帝元狩到元鼎年间（公元前 120—前 111 年）根据庄熊罴（pí）的建议而修建的，是我国先民应用首创的"井渠法"挖出的第一条地下水渠，也是洛河水利开发历史上的首项工程，还是今天洛惠渠的前身。

修建龙首渠时，由于渠道必须经过的商颜山土质疏松，渠岸极易崩毁，不能采用明渠的施工方法，所以人们就发明了"井渠法"，征调了一万多民工，从地下挖穿商颜山，开通了从征县（今澄城县）到临晋（今大荔县）的渠道。因在施工中挖出恐龙化石，所以取名"龙首渠"。

庄熊罴向汉武帝上书，建议开挖一条引洛水的渠道以灌溉重泉（今蒲城县东南）以东的土地。如果渠道修成了，就可以使一万多顷的盐碱地得以灌溉，收到亩产 10 石的效益。武帝采纳了这一建议，征调了 1 万多人开渠。最

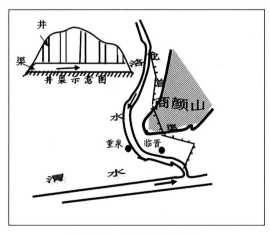

图 9-9-1　龙首渠示意图

初渠道穿山曾采用明挖的办法，但由于山高 40 余丈，均为黄土覆盖，开挖深渠容易塌方，于是改用井渠施工法。由于渠道要穿越 10 余里的商颜山，施工时洞内通风和照明都成问题。庄熊罴率领水工就在渠线中途打竖井，这样既可增加施工工作面，又能加快施工进度，同时也改善了洞内通风和采光的条件。井渠法无疑是隧洞施工方法的一个新创。更让人称奇的是，在两端不通视的情况下，准确地确定渠线方位和竖井位置，表现了当时测量技术的高水平。此举开创了后代隧洞竖井施工法的先河。

龙首渠的建成，使 4 万余公顷的盐碱地得到灌溉，并使其变成"亩产 10 石（dàn，容量单位，1 石等于 10 斗）"的上等田，产量增加了 10 倍多。这段穿过商颜山的地下渠道长达 5 千米，是我国历史上的第一条地下渠，在世界水利史上也是一个伟大的创造。井渠法在当时就通过丝绸之路传到了西域，直到今天，新疆人民在沙漠地区仍然用这种井渠结合的办法修建灌溉渠道，叫作"坎儿井"。中亚和西南亚的干旱地带也用这种办法灌溉农田。

由于井渠未加衬砌，井渠通水后，黄土遇水坍塌，最终还是导致了工程的失败，渠成不久即遭湮废，未能实现流灌万世的初衷。但是，远在 2 000 多年前，在龙首渠的开挖过程中，就已表现出当时水利测量水平和施工技术的高超。西汉龙首渠的井渠法是我国古代劳动人民高度智慧的结晶，它为世界水利事业提供了宝贵的经验。

10. 近代关中三大"惠渠"
——泾惠、洛惠、渭惠

近代，西部地区开始建造坚固的混凝土拦河大坝，从泾、渭、洛等河引水入渠。从 20 世纪 30 年代开始，在著名的水利专家李仪祉主持下，在关中首先兴建我国最早的新式农田灌溉工程泾惠、洛惠、渭惠三渠。

泾惠渠以泾水为水源。杨虎城将军主陕时支持修建，于 1930 年开工，主要工程有三：一是在泾阳县张家山建混凝土滚水坝一座，以便将一部分泾水拦入引水渠。二是凿引水渠 11 230 米，内有三隧洞，最长的为 359 米。引水渠前段 1 800 多米为石渠，有很强的抗冲刷作用。后段为土渠。引水渠末端建有淀沙池、退水冲沙闸和进水闸。三是在灌区修建灌溉渠道，共修灌溉干渠、支渠 370 千米。整个工程于 1935 年完工，实灌泾阳、高陵、临潼等县农田 59 万亩。中华人民共和国成立以后，历经改善扩建，使工程规模不断扩大，灌溉面积

图 9-10-1　渭惠渠

由 50 万亩发展到 135 万亩，粮食亩产从亩均不足 100 千克提高到 550 千克以上，社会、经济、生态效益巨大，已成为陕西省重要的粮食基地。

洛惠渠是在西汉龙首渠基础上修建的新渠系，以洛水为水源。开工于 1934 年，主要工程有：拦河大坝一座，砌成弓面向上的弧形。凿引水隧洞 5 条，其中铁镰山隧洞长 3 070 米。引水渠全长 20 000 多米，渠上也建有淀沙池、退水冲沙闸和进水闸。由于洛惠渠的工程特别艰巨，再加上经费困难的影响，直到 1938 年李仪祉先生病逝仍未完工。这一工程计划溉田 50 万亩。1958 年，洛南人拿着铁锹、铁镐，历时一年建闸门，沿着山腰劈山凿岭、架设渡槽，修起了这条引水渠。洛惠渠是洛河干流上第一条人工灌渠，干渠、支渠总长 63 千米，其中盘山渠道 22 千米长，比红旗渠早开凿 3 年。我们从县城到保安镇，一路上可见到半山上宛若一条彩带的洛惠渠，这是洛南人的"生命线"，使原来"人畜饮水都困难"的旱塬变成了"永不停水"的水源，成为"商洛粮仓"。

在三大"惠渠"中，规模最大的是渭惠渠。这条渠道以渭水为水源，建于渭水中游的北面，1935 年动工。工款 150 万元从银行贷款，以长安县营业税和泾惠渠水费担保。它也是有坝取水工程，拦河坝建在眉县西面的魏家堡。在北岸开渠引水，建有六孔引水闸。进水闸下游设有淀沙池、排洪冲沙闸和进水闸。渭惠渠计划灌溉渭北的眉县、扶风、武功、兴平、咸阳五县 70 万亩农田。

与建三大惠渠同时，在关中和汉中，李仪祉还修了一批较小的冠以"惠"字的灌渠，如眉县的梅惠渠，周至的黑惠渠，户县的涝惠渠，长安的沣惠渠，沔县的汉惠渠等，加上三大惠渠，合称"陕西八惠"。

11. 世界塘中之冠
——安丰塘

安丰塘古名芍陂（quèbēi），是我国水利史上最早的大型陂塘灌溉工程，是我国古代著名的四大水利工程（安丰塘、漳河渠、都江堰、郑国渠）之一，被誉为"神州第一塘"和"世界塘中之冠"，至今已有 2 500 多年历史，仍在发挥作用。为全国重点文物保护单位。

传说在很久以前，东海里的一条幼龙，在出海玩耍时，不幸摔落在安丰城外，被城里的百姓活剥吃肉，东海龙王知道后龙颜大怒，把这事立即向玉帝告发。玉帝派出天兵数人扮成乞丐到安丰城私访。发现只有李直一家，见到幼龙躺在地上，两眼无助地注视着天空，实在可怜，全家没有动这条龙。"乞丐"们对李直说：当你看到石狮子两眼泛红的时候，你就搬家，搬到城外去住。说罢来人就不见了，李直意会到这些"乞丐"不是凡人，于是天天都去看石狮子的眼色，等到七七四十九天，石狮子的两眼真的泛红了，李直连夜携全家搬家。3 天后电闪雷鸣，暴雨倾盆，安丰城池陷落在一片汪洋之中。第二天雨过天晴，这座城池变成了一口大塘，后来人们就把它叫作"安丰塘"。

其实，安丰塘为春秋时期楚相孙叔敖所造。司马迁在《循吏列传》中说他在楚为相期间，政绩斐然，而他个人生活也极为俭朴，为相 12 年，死后却两袖清风，一贫如洗。孙叔敖辅佐楚庄王成为春秋五霸之一，与他重视兴修水利、发展农业生产的富民强国政策分不开。他在主持修筑安丰塘之前，曾到实地做过详细调查研究，并广泛征求当地群众意见，做到选址合理，堤坝位置安排得当有序，蓄灌关系考虑周到，千百年来，安丰塘在灌溉、航运、屯田济军等方面起过重大作用，对后世大型陂塘水利工程提供了宝贵的经验。

安丰塘位于寿县县城南 30 千米处，塘堤周长 25 千米，面积 34 平方千米，蓄水量 1 亿立方米。环塘一周，绿柳如带，烟波浩淼，水天一色。放水涵闸 19 座，水渠如网，灌溉面积 93 万亩。灌区农业生产有了很大发展，寿县也被列为我国全国商品粮生产基地县。安丰塘环境清新而幽雅，造型秀雅的庆丰亭点缀在平波之上，与花开四季的塘中岛相映成趣，构成了一幅蓬莱仙阁图。安丰塘北堤外侧的孙公祠，是古人为纪念创建芍陂的楚相孙叔敖而建。祠内藏有古碑刻二十余方，是研究安丰塘水利史的珍贵资料，其中许多具有很高的书法艺术和鉴赏价值。

12. 沙漠绿洲的秘诀
——坎儿井

新疆地区因地制宜地开凿"坎儿井"（即井渠），以地下河的形式利用地下水源，解决了土质疏松、气候干旱的地区水渠容易渗漏和蒸发的难题。坎儿井长达数千米甚至数十千米，引高山雪水浇灌沙漠绿洲，被称为"生命之泉"，与万里长城、京杭大运河并称为我国古代三大工程。

图 9-12-1　坎儿井鸟瞰图

图 9-12-2　坎儿井剖面图

位于天山南麓的吐鲁番和哈密两盆地，是最理想的修建坎儿井的地区。那里地下蕴藏着丰富的雪水。春夏时节有大量积雪和雨水流下山谷，潜入戈壁滩下。由于这里雨量极为稀少，年降水量只有 16 毫米，而蒸发量可达到 3 000 毫米，可称得上是我国的"干极"。所以，如果采用明渠灌溉，渠水大多会被蒸发；如果采取地下坎儿井方式引水，则能很好地解决渠水蒸发问题。盆地有一定的坡度，人们利用山的坡度，凿渠将盆地北缘的地下雪水开发出来，巧妙地创造了坎儿井，引地下潜流灌溉农田。由于水量稳定水质好，自流引用，不需动力，地下引水蒸发损失、风沙危害少，施工工具简单，技术要求不高，管理费用低，便于个体农户分散经营，深受当地人民喜爱。

坎儿井的挖掘十分困难，挖井工得低着头弯着腰，把一筐一筐沉重的土挂到一根绳子上，然后由地面的人用辘轳一圈一圈绞上来。相传有一个叫尼亚孜的年轻人带领一个组在开挖坎儿井，他们挖了一年多的时间，还没挖出水，许多人都气馁了，但是这个年轻人执着地要继续挖下去，不然整个村庄将面临着断水的危险。一天，他年轻美貌的妻子阿依先木汗又在给他送饭，看到一只火红的狐狸，在一片空地上转悠，她被那美丽光滑的狐狸所吸引，不自觉地追那只狐狸而去，竟然撞到一棵老桑树上，在一片殷红的血迹中，那个红狐狸突然间消失，而阿依先木汗再也没有醒过来。这个年轻人伤心欲绝，大哭一场。但是第二天他依旧拿起工具下井挖水，白花花的水竟然扑面而来，他兴奋地扑到水里大喊，整个村庄沸腾了！但是尼亚孜失去了他心爱的妻子。后来人们说，那个美丽的狐狸就是阿依先木汗。人们为了感谢神灵的救助，就把这条坎儿井叫土勒开（狐狸）坎儿井。

坎儿井由竖井、暗渠、明渠等几部分组成。暗渠是坎儿井的主体，即地下水河道，淘捞时的工程十分艰巨。竖井是运出井下泥沙的通道，也是通风送气口。竖井之间根脉相连，一条坎儿井，竖井少则十多个，多则上百个。长1米左右、宽70厘米的竖井井口呈长方形，周围一堆堆的黄土围着井口，像个侍卫庄严地遍布在西部浩瀚的荒野戈壁之上。明渠将从暗渠中引出的地下水导入农田，灌溉庄稼。后来，当地群众又改进了坎儿井的结构，创建了具有蓄水、晒水和便于统一调配农用水的"涝坝"，使坎儿井工程更臻完备。

目前，我国吐鲁番和哈密两盆地的坎儿井共有1 000多条，暗渠的总长度约5 000千米。伊朗率先申报坎儿井为世界农业文化遗产，我国也已把坎儿井列入《中国世界文化遗产预备名单》。

13. 发端于巾帼女杰的创举
——木兰陂

木兰陂位于福建省莆田市区西南5千米的木兰山下，木兰溪与兴化湾海潮汇流处，始建于北宋治平元年（1064年），是当时福建最大的引水工程，也是国内现存最完整的古老陂坝工程之一。被称为南方的都江堰，是国家重点文物保护单位，现被评为国家水利风景区。

郭沫若曾赋诗："清清溪水木兰陂，千载流传颂美诗。公而忘私谁创始，至今人道是钱妃。"诗写的就是年方二八异乡女子钱四娘。当年她满怀悲痛地扶父亲灵柩归长乐故里安葬，途经莆田遇到木兰溪泛滥成灾，无法前行。四娘体恤莆田人民的苦难，遂萌起来莆建陂的心愿。她回家后，便携10万缗（mín）来莆建陂，1064年，发起修筑木兰陂的壮举。她募集民夫在将军岩前垒石筑陂，以挡住海潮，并开渠南行，欲引木兰溪水灌溉南洋平原田地。经

图 9-13-1　木兰陂图

过三年时间的辛辛苦苦修建，眼看着木兰陂即将告成，却在中秋夜突遇洪水来袭。四娘提着双灯，在陂上来回跑动，指挥民工护陂。但是汹涌的洪水还是无情地冲垮了陂坝，钱四娘万分悲痛，提着双灯纵身跃入木兰溪中。在她的精神激励下，与钱四娘同邑的进士林从世携金10万缗来莆继续筑陂，也因水流过急仍未成功。熙宁八年（1075年）由侯官人李宏和僧人冯智日主持，在上两次坝址的中间选择溪流宽缓的木兰山下第三次修建，经过8年的苦心营建，元丰六年（1083年），一座全长200多米，完全以巨石垒成的木兰陂终于屹立在木兰溪上。经历代修建完善，逐步形成一座拥有陂首枢纽工程、渠系工程和堤防工程三部分的完整的大型水利工程。

木兰陂工程分枢纽和配套两大部分。枢纽工程为陂身，由溢流堰、进水闸、冲沙闸、导流堤等组成。溢流堰为堰匣滚水式，长219米，高7.5米，设陂门32个，有陂墩29座，旱闭涝启。堰坝用数万块千斤重的花岗石钩锁叠砌而成。这些石块互相衔接，极为牢固，经受900多年来无数次山洪的猛烈冲击，至今仍然完好无损。配套工程有大小沟渠数百条，总长400多千米，其中南干渠长约110千米，北干渠长约200千米，沿线建有陂门、涵洞300多处。整个工程兼具拦洪、蓄水、灌溉、航运、养鱼等功能。它将木兰溪的水源引入莆田南北洋平原，灌溉16.5万亩良田，兼有工业用水、航运交通、水产养殖等综合社会效益。1958年，在陂附近兴建架空倒虹吸管工程，引东圳水库之水到沿海地区，使木兰陂的灌溉和排洪能力大大提高，灌溉面积增加到25万亩，对莆田的经济文化发展，尤其是对农业生产的发展起着至关重要的作用，至今仍保存完整并发挥其水利效用。

14. 鱼米之乡的载体
——太湖流域塘浦圩田系统

塘浦（溇港）圩田系统历史上是太湖流域地区桑基圩田、桑基鱼塘的重要基础，也是催生"吴越文化""鱼米之乡""丝绸之府"的重要载体。水利界泰斗郑肇经教授指出："塘浦圩田系统是古代太湖劳动人民变涂泥为沃土的一项独特创造，它在我国水利史上的地位可与四川都江堰、关中郑国渠媲美"。

春秋时期，湖州及周边地区地广人稀，太湖流域，滨江傍海四周高仰，中部低洼，是一个以太湖为中心的碟形洼地，水高地低不能耕种。古代先民经过 2 000 多年的不懈努力和创造性的劳动，在这片卑下洳（rù）湿之地和墩岛之上修建了具有独特形式的塘浦圩田工程，终于水乡泽国改造成为灌排自如、稳产高产的沃土良田。大致经历了 4 个阶段，即春秋战国时期至唐前期为圩田萌生起步时期，先民们利用自然分布的墩岛高地用圈圩挡水的办法，逐步在湖泊沼泽之地修建了一批大小不一的原始圩田，并陆续修建了大量的塘、浦、溇

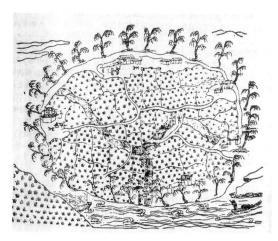

图 9-14-1　圩田图

（lóu）、港和排灌渠系；唐中后期至五代为塘浦圩田快速发展时期，初步形成了畎浍沟川畅流，沟渠堤路整齐，沟洫（水网）系统完整的圩田格局；宋代以后为大圩古制解体及水利转型时期，以塘浦为田界，位位相承，圩圩棋布的大圩古制终于逐渐分割成为犬牙交错、分散零乱的民修小圩；元明清为溇港圩田、桑基圩田（塘）快速持续发展时期，在溇港圩田基础上发展起来的"桑基鱼塘"和"桑基圩田"系统，并成为我国乃至世界"生态农业"和"循环经济"的典范。

图 9-14-2　圩田全景

太湖流域地区的塘浦圩田系统，系因军事征战和开发低地疏干渍水而始，军事屯垦而兴，后因小农经济和一家一户的生产方式无力支撑其正常维护运作而最后解体，唯独湖州地区的溇港圩田系统，仍一枝独秀、继续发展。如果你打开一张湖州地区的古地图，便可看见一条条南北向的"溇""港"伸向太湖，一条条东西向的横塘相间其上，如梳齿般繁密的人工河道构成棋盘式的溇港圩田系统。从空中俯瞰，溇港像一条条灵动的血脉，圩田则如一块块壮实的肌肉骨骼，滋润着这方百姓上千百年来的生息繁衍。溇港圩田之所以长盛不衰，是因为它是塘浦圩田在滨湖地带衍生出来的一种以自然圩和墩岛为基础的独具一格的农田水利系统，规模适度，适宜于封建社会小农经济和生产力的发展。养鱼育蚕千倍利，由于培桑培土需要浚河成了农民自觉的行动，通过与桑基鱼塘、桑基圩田的紧密结合，因而具有强大的经济活力和万古长青、经久不衰的生命力。

15. 捍海长城
——钱塘江海塘

我国的杭州湾因地理原因，形成了闻名于世的钱塘江海潮自然景观。每逢海潮兴起，潮流头高达十多米，其汹涌澎湃和排山倒海之势，以"一线横江"被誉为"天下奇观"，显示其无坚不摧的力量。海宁潮一日两次，"早潮才落晚潮来，一月周流六十回""天天可观潮，月月有大潮"，潮头最高时达 3.5 米，海宁潮差可达 8～9 米。但是壮观的大潮也摧毁着堤岸，成为危及人民生命、财产的灾祸。

自古以来，为了护卫杭嘉湖平原南部和萧绍平原不受洪潮侵害的屏障，钱塘江两岸一直在修筑海塘。钱塘江海塘规模宏伟、布置周详、构筑精巧、工程艰巨，在我国工程建筑史上写下了光辉的篇章。鱼鳞石塘在占鳌塔东西两侧的 1 000 米间，是省级重点文物保护单位，和万里长城、京杭大运河并称为我国古代三大工程而闻名于世，其筑造结构精巧，气势雄伟，历经数百年的潮水冲击依然"力障狂澜扶砥柱"，被誉为"捍海长城"。中华人民共和国成立后，又多次投入重资、劳力修筑海塘，将海塘越筑越坚固，成为沿江人民生命财产的一道保护屏障和广大游客观潮休闲的好地方。

钱塘江海塘是防钱塘江潮汐之患而筑，它始建于 1 700 多年前，唐时重筑，称捍海塘，又名太平塘。五代时吴越王钱镠在位期间，曾征民工大规模修建海塘，用竹笼装碎石筑堤，并在堤内打下十余行被称为"滉（huàng）柱"的木桩，用以削弱海潮的冲击力，保护石堤不直接被潮水冲撞，减少江涛的危害。鱼鳞石塘即是吴越王钱镠为防钱塘江潮汐之患而筑。石塘修筑得十分巧妙，人们先是将条石纵横交错，然后在条石上凿出槽榫，用铸铁将其嵌合起来，合缝处用油灰、糯米浆浇灌。此后历代均有修筑，北宋大中祥符五年（1012

图 9-15-1 钱塘江海塘鱼鳞石塘

年），杭州守臣用土和柴薪筑堤，兴建了柴塘；景佑四年（1038 年），又改用块石筑堤，于是便有了最早的块石塘。但在元代以前，沿海只有土堤，金元时，才有木桩石塘。直至清代康熙五十七年（1718 年），始动议修筑鱼鳞石塘，人们将一根根的"梅花桩""马牙桩"钉死在石塘下面。塘底垒石 18～23 层不等，均用上千斤重条石逐层上叠，因为塘面状似鱼鳞，所以叫鱼鳞石塘，条石之间用糯米浆拌石灰砌连，再用铁锔（jū）扣榫（sǔn）。史称"根基巩固、表里坚凝、严若长城"。至乾隆八年（1743 年）鱼鳞石塘修筑完工，沿着钱塘江终于建立起 280 000 米巍峨坚实的鱼鳞大海塘，与长城、古运河并称为我国古代三项伟大工程而闻名于世。现在海宁的鱼鳞石塘成为国家重点文物保护单位。

十、农具篇

1. 历史的符号
——传统农具

古语讲："工欲善其事，必先利其器"。在农业生产中，这个"器"就包括各种各样的农业生产工具。农具在农业生产和发展中起着举足轻重的作用，它的产生、演变、发展，清晰地印证了我国农业历史发展的轨迹。从旧石器到新石器，从石器到青铜器、铁器，从简单工具到复合的机械工具，最后到使用机器，每一次农业生产工具质的转变和飞跃，都有力地推动了社会生产力的发展和社会历史的进步。

图 10-1-1　中国传统农具

根据不同时代农具发展的特点，将我国农具发展历史分为 5 个阶段，使我们可以清晰解读我国传统农具的产生、演变和创新发展的过程。第一个阶段是原始农业时期（新石器时代）。这个时期的农业生产粗放，农具的材料以石、骨、蚌、木为主，种类可分为农耕用、收割用和加工用 3 类。典型代表是耒耜和石犁。第二个阶段是沟洫农业时期（公元前 21 世纪—公元前 476 年，夏商、西周、春秋），被史学家称为铜石时代。这一时期的农具有所改进，所用材料还是以木、石、骨等为主。这时青铜产生并少量用于农业生产。这个时期农具的种类虽增加不多，效率也不高，但为后来铁制农具的发展奠定了基础，典型代表为青铜农具。第三个阶段是精耕细作农业成型时期（公元前 475 年—公元 589 年，战国、秦、汉、魏、晋、南北朝）。这个时期冶铁业兴起，使我国农具史上出现了一次大的变革，铁制农具代替了木、石材料农具，促进了生产力的提高。典型代表为铁制农具，其中直辕铁犁、耧车、龙骨水车、风扇车、连枷最为著名。第四个阶段是精耕细作农业扩展时期（581—1368 年，隋、唐、宋、辽、金、元）。由于冶铁业的大发展，铁制农具被广泛使用，同时种类样式增加，质量也大为提高，铁质农具成为"民之大用"。到元代，我国的传统农具种类已达 180 种以上，典型代表是曲辕犁、水田耙、耖、秧马。第五个阶段是精耕细作农业持续发展时期（1368—1840 年，明、清鸦片战争以前）。这期间，北方出现了露锄，南方则出现了塍（chéng）铲、虫梳和除虫滑车等，反映了传统农业精耕细作程度越来越高。同时，由于钢铁冶铸技术的发展，农具部件在创造改进方面也有较大进步。至此，我国农具的形制已定型，种类齐全，品种繁多，南北方交融互补。

我国传统农具具有简而不陋、轻巧灵便、就地取材、一具多用、形制多变等特点。根据农业生产的工序细分农具的种类，可分为耕地整地工具、播种移栽工具、中耕除草工具、灌溉工具、收获工具、运输工具、脱粒工具、粮食加工工具、称量工具九大类。这些质朴无华的农业生产工具，蕴含着科技的进步、历史的变迁和经济的发展，深深印烙着历史发展的足迹，是先人留给我们的一笔宝贵财富。

2. 神农执耒耜俾民稼穑
——耒耜

耒耜是古代一种翻土农具，形状像木叉。它是传说中由神农氏炎帝发明的我国最早的两种翻土播种农具，也是原始社会中期主要的农耕工具。《易经·系辞》记载："神农氏作，斫（zhuó）木为耜，揉木为耒，耒耜之利，以教天下"。这说明在新石器时期，神农就已开始教会天下百姓用木制的工具翻耕土地，并种植农作物了。

图 10-2-1　木耜（余姚河姆渡遗址出土）

图 10-2-2　骨耜（新石器时代仰韶文化）

最初，耒是由用于挖掘植物的尖木棍发展而来，广泛用于松土、划沟、挖掘块根等方面，是最古老的挖土工具。我国第一部字典《说文解字》中说得明白："耒，手耕曲木也。"最早是单尖耒，后来衍生出双尖耒，提高了挖土的功效。随着耒逐渐增大入土部分，单尖耒的刃部又发展成为扁平的板状宽刃，形似铲子，就成为木耜。耜用于起土，缚于耒上，两者通称为耒耜。为了提高耒耜的生产效率和使用寿命，以后大多以骨耜、石耜代替木耜。骨耜反映了原始人类就地取材，巧妙利用自然的能力。

耒耜是古代我国黄河中下游地区广泛使用的农具。在原始时代的耒耜遗物中，最有名的当属河姆渡遗址出土的骨耜，共有170多件，证明了河姆渡稻作农业比较发达。此外，还有许多农耕遗址，属于耜耕农业阶段。如河北省武安县磁山遗址、河南省新郑县裴李岗遗址出土的石铲（耜），其年代距今8 000年左右。浙江省酮乡县罗家角遗址和余姚县河姆渡遗址也出土了距今7 000年左右的骨耜和木耜。耒耜有直柄和曲柄之分，都是用手推足蹴的直插间歇式进行翻土劳作，但曲柄耒耜用起来要省力很多。

耒耜的发明使用，不仅提高了耕作效率，改善了地力，更重要的是，由于耒耜的使用，种植方式由穴播改变为条播，使谷物产量大大增加，自此才有了真正意义上的"耕"和耕播农业。从耒耜到石犁，再到青铜犁、铁犁、直辕犁、曲辕犁，这是松土整地农具一个连续发展的过程。由此看，耒耜应该是犁的祖先。

图 10-2-3　执插俑

不要小看耒耜，就是这把最简单最古老的工具，在远古的荒原上掘开了我国农耕文化的源泉，开创了我国农业历史新篇章。"始作耒耜"的神农炎帝，也被尊为我国农耕文化的始祖。

3. 最具代表性的生产工具
——犁

犁是我国传统农具中最具代表性的生产工具，也是农业生产中最为重要的犁地翻土工具。犁的出现，从根本上改变了我国的耕地方式，具有划时代的重大意义。它将由上而下破土且间断式进行的耕地方式，变成为由后向前推进且连续性进行的耕作方式，大大提高了耕地的效率。自此，犁变成了我国最主要的耕具。

图 10-3-1　犁

图 10-3-2　山地犁

耕犁大约出现在新石器时代晚期，在浙江吴兴邱城遗址中发现三角形石犁，距今5 000年左右，可以说石犁是我国耕犁的祖先。商周春秋时有少量的青铜犁用于农业。由于牛耕的出现和冶铁业的兴起，战国时期便出现了铁制的耕犁。发展到汉代，耕犁上装有铁制的犁铧，并配有先进的犁壁、犁箭。这时的耕犁用牛牵引，不仅能挖土，而且还能起到翻土、碎土和起垄的作用。

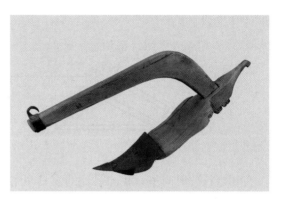

图 10-3-3　水田犁

汉代的犁因犁辕又直又长，故称直辕犁。它分双辕和单辕，基本的牵引方式是二牛抬扛式。直辕犁耕地时缺乏灵活性，调头拐弯都不方便，起土费力，效率不高。

进入唐代，直辕犁发生重大改革并取得巨大成就，那就是江东犁的出现。江东犁增装了犁评，改进了犁壁，加置了犁槃（pán），可适应深耕或浅耕的不同要求，并能调节耕地深浅，便于精耕细作。其中最重大的改进就是将长直犁辕改变为短曲犁辕，所以江东犁又称为曲辕犁。据唐朝末年著名文学家陆龟蒙《耒耜经》记载，曲辕犁由11个部件组成。由于犁辕缩短，致使犁架变小变轻，便于深耕，操纵灵活，利于回转，节省畜力，适宜江南地区水田面积小的特点。曲辕犁只需一牛牵引，而且耕地的效率和质量都比较高，极大地提高了农业生产水平。同时，曲辕犁的基本结构和工作原理同样也适用于北方旱地耕作，明清时期的耕犁基本上仍采用了江东犁的形制。因此说，唐代江东犁的出现是我国农耕史上的重要成就，是我国耕作农具成熟的标志，我国耕犁至此基本定型。

在古代农具史上，影响最大的就是犁具和牛耕的发明。铁犁与牛耕相结合，是耕作技术上的一次重要改革，它标志着人类社会生产力的发展进入了一个新的历史阶段。在整个古代社会，我国耕犁的发展水平一直处于世界前列。欧洲的耕犁直到公元11世纪才有犁壁的记载，比我国要晚近千年。中国犁对欧洲乃至世界耕犁的发展产成过巨大的影响。在17世纪传入荷兰以后，诱发了作为欧洲工业革命先导的欧洲农业革命。

4. 足抵两牛的人力耕地机
——代耕架

代耕架是一种人力牵引的耕地设施，古代称为木牛和人耕。据《代耕图说》记载，代耕架的主要构架是：在田地两头分别设立一个人字形木架，每架各装有一个辘轳，在辘轳中段缠以绳索，索中间结一小铁环，环与犁装有曳（yè）钩，可自如连脱。辘轳两头安上十字交叉的橛木，犁自行动。使用时，三人合作，两头各一人交递相挽，中间一人扶犁，"一人一手之力，足抵两牛"。简单说，代耕架就是将用于辘轳的绞关用于犁的牵引，可"坐而用力，往来自如"地进行垦耕。

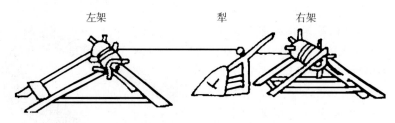

图 10-4-1 人力代耕架

在相当长的时间里，我国耕地的农具犁主要是由牛来牵引的，当牛力由于各种原因不足时出现了人力犁。史书记载的比较著名的人力犁有踏犁和代耕架两种。踏犁也称为脚踏犁，类似今之铁锹，是由熟铁和钢锻造而成，锋利坚韧，是一种较好的人力翻土工具。据史料记载："踏犁之用，可代牛耕之功半，比镬耕之功则倍""凡四五人力可以比牛一具"。虽四五个劳动力用踏犁的功效只相当于牛耕一半的功效，远不如牛耕，但比起锄头还是要强很多，这对畜力不足地区解决耕田的困难起到一定的作用，因此常被用作垦荒利器。特别是在耕地不平的山地，即使耕牛很多，犁耕盛行，人们仍十分热衷于使用踏犁，主要是由于踏犁轻巧省力，制作简易。据称踏犁的破土角度远比犁耕转动灵活。早在北宋初年因不少地区缺少耕畜，踏犁被多次推广使用。到南宋时更加广泛，连岭南等偏僻边远之地也有使用。只是其劳作效率不如牛耕，劳动强度也比较大。

到了明代，代耕架有较大的发展。成化年间（1485 年）陕西遇连年旱灾，耕牛严重缺乏，给农业生产带来很大困难。时任总督李衍对传统耕犁进行改进，分别制成坐犁、推犁、抬犁、抗活、肩犁 5 种木牛。在畜力不足时，这些耕具可适应山丘、水田和平地等不同环境的耕作。2～3 人合力耕作，每日可耕地 3～4 亩。"此具，其工省，其机巧，用力且均，易于举止"，效果显著。清人屈大均说："木牛者，代耕之器也"，誉为"耕具之最善者"。

人力耕地机——代耕架的发明在我国农具史上具有一定的意义。代耕架的使用缓解了因牛瘟等耕畜缺乏，生产不利的问题，对当时的农业生产有一定的促进作用。而且代耕架利用杠杆原理进行操作，在古代耕地机械史上称得上是一大进步。

5. 2200 年前的播种机
——耧车

发明于公元前 2 世纪的耧车，是中国古代一种比较先进的蓄力播种农具，有独脚、双脚、三脚和四脚 4 种，其中应用最广泛的是三脚耧。

三脚耧实际上就是一种多管播种机，由种子箱、排种器、输种管、开沟器以及牵引装置构成。耧车为木制，只有耧铧部分为铁制。据东汉著名政治家崔寔在《政论》中记载："武帝以赵过为搜粟都尉，教民耕殖。其法三犁共一牛，一人将之，下种，挽耧，皆取备焉。日种一顷。至今三辅犹赖其利。"用这种新式的三脚耧，一人在前面牵牛拉耧，控制速度和方向，另一人在后面扶耧，边走边摇动耧车播种。种子盛在耧斗中，耧斗与空心的耧脚相通，耧脚在平整好的土地上开沟进行条播。一次播种 3 行，行距一致，下种均匀，疏密一致，使得播种的质量和效率大幅提高，同时也便于出苗后的通风透光和田间管理，因此自发明以来便备受欢迎。它的最大创新还在于将开沟、下种、复土 3 道工序一次完成，既灵巧合理，又省工省时，故其效率达到"日种一顷"，大大提高了播种效率。

图 10-5-1　耧

　　三脚耧创造发明于公元前 1 世纪，是在独脚耧和双脚耧的基础上发展改良而来的。这应该是世界上最早的播种机，西方到 1566 年才制成条播机，比我国晚了 1 800 年左右。

　　说到耧车，不得不提到一个人，那就是汉武帝时期（公元前 1 世纪）的搜粟都尉赵过，赵过时任掌管农业事务的高级官员。为解决人多地少的问题，赵过大力推广代田法。采用此法，不仅能做到抗旱保墒，而且由于土地轮番利用，可以恢复地力，"用力少而得谷多"，一般可增产 1~2 斛（hú）。代田法最大的特点就是改变了播种方式，用条播替代了原来的撒播。为适应这种生产方式的需要，赵过总结前人的经验并吸收前代播种器具的长处，独具匠心地发明了新型播种机具——能同时播种 3 行的三脚耧。使用这种耧车可以"所省庸力过半，而得谷加五"，大大提高了生产质量和效率。

　　使用耧车能够保证行距、株距始终如一，可以实现分行栽培。分行栽培不仅便于排涝和保墒，也有利于中耕除草。因此耧车的使用也为畜力中耕的发明准备了条件。所以三脚耧的大规模使用，标志着我国传统农业开始进入以精耕细作为主要特征的新时代。根据班固《汉书·食货志》"善田者受田器"的记载，汉武帝在全国范围内大力推广代田法，而三脚耧车这种新发明"田器"的普及使用，对顺利实施代田法具有重要作用，同时也极大地推动了汉代农业的发展。

　　耧车的发明创造是我国古代农业科技的重要成就，现代最新式的播种机的全部功能也不过把开沟、下种、覆盖、压实 4 道工序连续完成，而我国的三脚耧早在 2 000 多年前就已经把前 3 道工序连续由同一机械完成了。与三脚耧相类似的工具直至 1731 年才在英国出现，曾被看作欧洲农业革命的标志之一。

6. 从戽斗到翻车
——古代提水工具

　　我国古代人民创造了种类繁多的农业生产工具，其中各式各样的传统灌溉工具就是它重要的组成部分,在各个历史阶段都为我国的农田灌溉做出过重要贡献。从戽斗到翻车、由人力到机械的不断创新变革中,可以清晰解读我国农业灌溉工具的发展脉络。

图 10-6-1 提水灌溉工具

历史记载我国最古老的提水工具是戽斗。这是一种简单的人力提水灌田农具,一般多用竹篾、藤条等编成,形状像斗,两边有绳,由两人拉绳牵斗取水。元代农学家王祯在《农书·灌溉门》对戽斗的作用、使用方法和制作材料都做了详细记载。戽斗适宜在落差不大的水岸边使用。操作难度大,费力,效率低,也无法进行大面积的浇灌。

到了春秋战国时期,人们发明了桔槔(jiégāo),用于提取浅井或河、塘水的工具。《庄子·天地》中曾记有孔子门徒子贡,教汉阴抱瓮灌田的老农使用桔槔的故事。据《王祯农书》记载,桔是一根竖立的木柱,槔是安装在桔上一根细长的横杆,当中是支点,前端悬挂水桶,末端系重物。汲水时将水桶投入水中,盛满水后,末端重物通过杠杆作用,用较小的力量便能轻易把水提拉至所需处,起到了事半功倍的效果。

为了解决深井提水的需要,汉代又创造出一种装有滑轮的提水工具辘轳,使汲水效率大为提高。辘轳利用轮轴原理,用摇转辘轳绞动绳索以提升水桶的办法提取深井水。唐宋以后,由于水深水浅都适合,每次能提上较多的水,因此辘轳比桔槔和戽斗使用更为普遍。辘轳可称得上是最早的起重机械。

在灌溉农具发展史上具有划时代的意义的是西汉末年翻车(即龙骨水车)的发明。翻车利用齿轮带动链上的许多刮水板将水刮入车槽,最初是利用人力驱动轮轴灌水,后来由于轮轴的发展和机械制造技术的进步,发明了以畜力、风力和水力作为动力的翻车。翻车用于提水灌溉和排涝时,效率远胜于过去的灌溉器具。它开辟了人类使用水利机械的先例,促进了人类农业的进步。

唐代又发明了可以自动提水的筒车。筒车利用水流为动力转动车轮，带动车轮上的水筒自动汲水灌溉，是我国灌溉工具中的一大创造。这种工具被王祯形容为"人无灌溉之劳，田有常熟之利"。宋元时期，筒车发展为水转高车，利用水力将水送到高处进行灌溉，可以适应不同的农田灌溉的需要。总之，用这些灌溉工具可以"昼夜不息，百亩无忧"。

上述几种典型的提水工具最早出现于北方黄河流域。随着经济中心的南移，这些工具逐渐普及到长江和珠江流域。今天，一些偏远山村仍在使用这些工具。

7. 村村寨寨都有的水龙
——龙骨水车

龙骨水车是一种提汲湖泊、江河水的灌溉工具，又叫翻车、水车、水蜈蚣，是我国古代最著名的农业灌溉机械之一。它利用齿轮带动链上的许多刮水板将水刮入车槽，以人力或畜力驱动，用于提水灌溉和排涝，效率远胜于过去的灌溉器具。因为其形状犹如龙骨，故名龙骨水车。

据《后汉书》记载，龙骨水车是在公元2世纪时，由汉灵帝的掖庭令毕岚发明的。最早建造的龙骨水车"用洒南北郊路，以省百姓洒道之费"，尚未用于农业生产和生活。三国时期，魏国杰出发明家马钧在用来吸水洒路的翻车基础上，加以大为改进，制造了既轻巧又便于操作的翻车并把它应用到农业灌溉上。这是当时世界上最先进的生产工具之一。据《三国志·魏书·杜夔传》记载："城内有地，可以为园，患无水以灌之，乃作翻车，令儿童转之，而灌水自覆。更入更出，其巧百倍于常。"这是史料记载最早用于灌溉的翻车，元代的农学家王祯认为这种翻车就是龙骨水车，并在《王祯农书》中加以详细介绍。

图 10-7-1　手摇水车

图 10-7-2　龙骨水车作业图

马钧制作的龙骨水车，是利用人力转动轮轴灌溉，既可脚踏，也可手摇，轻便自如，在临水的地方都可以使用，最突出的优点是可以连续提水，并可以将低处水引向高处进行灌溉，效率较高。

随着轮轴的发展和机械制造技术的进步，自唐代以后，以畜力、风力和水力作为动力的龙骨水车被逐渐发明制造，并且在南北方广泛使用。在元代《王桢农书》里就记载有水转翻车、牛转翻车、驴转翻车、高转筒车等，构造新颖复杂，效率也比较高。值得一提的是，元代出现的以水力为驱动的龙骨水车，只要水流不断，水车就永不停歇地运转。这是元代机械制造方面的一个巨大的进步，也是人们利用自然力造福于人类的一项重大成就。南宋陆游用"龙骨车鸣如水塘，雨来犹可望丰穰（ráng）"生动地咏颂龙骨水车，表达人们期盼它能够带来丰收的美好愿望。

龙骨水车结构合理，可汲水也可排涝，被广泛应用于农田生产，在农田灌溉、抗旱排涝中发挥了巨大作用，成为粮食丰收的有力保障。近2 000年来，龙骨水车一直是我国农村中最重要的灌溉机械。直到电机水泵的出现，龙骨水车才逐渐退出历史舞台。

龙骨水车的发明，是我国劳动人民长期生产实践集体智慧的结晶。它的水车链轮传动、翻板提升的工作原理，至今仍在很多方面广泛应用着。作为世界上最早的水利机械，龙骨水车促进了人类农业的进步。

8. 人状如骑马，雀跃于泥中
——秧马

秧马是南方水田种植水稻拔秧移栽时乘坐的器具。拔秧，有些地方也称作起秧、挽秧，就是把秧苗从秧田（培育秧苗的田）里把秧苗扯出，捆缚成匣，然后运到已整理好的稻田里去插秧。

水稻种植业是一种劳动密集型农业，劳动强度大。需要投入大量劳动进行精耕细作，以确保粮食丰收。为减轻劳动强度，古人发明了许多农用器具，秧马是其中最重要的一种，使用秧马可减轻稻田生产中拔秧的劳动强度。秧马大约出现于北宋中期，最初是由家用四足凳演化而来，基本结构是下部为一块稍大的两端翘起的木板，上面是固定在木板上的四足凳，绝大多数为木结构。使用时，人状如骑马，又是在秧田中，所以人们形象地称为秧马。

种植水稻先要在秧田中集中育苗。育苗期间，要始终保持秧田中有较多量的水来满足秧苗生长的需要。到拔秧时，秧田里仍有大量的水。秧苗比较矮小，人们长时间躬腰拔秧，很是劳累。如蹲着拔秧，水又会浸湿裤子。这时秧马就发挥作用了。由于秧马的下部是一块底部光滑、前端翘起的木板，减轻了人坐在其上的压力，避免陷入泥泞的秧田。劳作者坐在秧马上拔秧时，略前倾，两脚在泥中稍微用力一蹬，秧马就可向前滑行。所以，在泥地里乘坐秧马劳作，不仅减轻弯腰曲背之劳苦，避免田水浸身之害，而且还能提高行进速度。所以，秧马算是最早的劳动保护的工具。

最早记载秧马的是北宋文学家苏轼，他在谪居黄州期间（约公元1094年前后），"游武

图 10-8-1　秧马作业图

图 10-8-2　秧　马

昌，见农夫皆骑秧马"，农民骑在像小船一样秧马上拔秧，轻快自如，"雀跃于泥中""日行千畦"，省却了拔秧时猫腰弓背的劳苦。而且把束草放在前头用来捆扎秧苗，极为便利。因而创作《秧马歌》叙说湖北农民使用秧马的情景，对秧马的形制及作用进行了详细描述，对秧马倍加赞赏。以后每到一地即热情宣传推广，安排实物进行示范表演，对秧马的普及使用起到积极的推动作用。

秧马是南北方水稻种植中不可或缺的重要工具。自秧马出现后，历代文献多有记述。元代《王祯农书》、明代徐光启《农政全书》、清钦定《授时通考》等著名农书都以图文并茂的形式予以介绍。后人还将《秧马歌》刻成石碑（现藏于泰和县博物馆），使其流传久远。秧马一直衍化沿用到现代，至今在南方农村仍有使用。

如今，随着现代科技的发展，播种机、插秧机、联合收割机一系列机器的发明和使用，使水稻耕作的机械化程度越来越高，秧马也逐渐失去了用武之地，慢慢淡出人们的视野，但秧马重要的历史作用不该被遗忘。

9. 一孔漏碎土，锄草还保墒
——漏锄

锄，俗称锄头或铁锄，是松土、整地和除草的工具，已有数千年的历史，至今仍然是我国农村最常见的农具。在中国农业博物馆展厅中，陈列展示有板锄、开山锄、条锄、三角锄、二角锄、鹰嘴锄、木松锄、挖锄、薅锄、漏锄等，形制多样，各具特色。锄由锄板、锄勾、锄把构成，锄板为铁制，有方形、长方形、半椭圆形、梯形等；锄把为木制，有长柄的，也有短柄的。根据功用不同分为大锄、小锄、薅锄。大锄用于作物行株间松土、碎土保墒、中耕除草；小锄用于开苗、间苗、除草；薅锄又称挖地勺子，短把，用于薅草。漏锄或曰露锄，是一种适应于北方旱作地区的中耕除草工具。漏锄略小于一般锄，锄板约3寸多宽，中上部有上弧下方的漏孔，刃边约有1寸。锄地而不翻土，是漏（露）锄的最大特点。

图 10-9-1　鹿角镐（新石器时代）

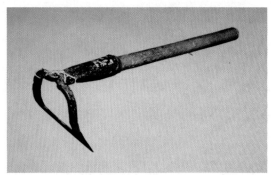

图 10-9-2　漏　锄

我国在2 000多年前的战国时期就有了中耕用的铁锄，那时的锄头呈六角形，宽而薄，两肩斜削，锄草效率高，也不会碰上庄稼。汉代则出现了"鹅脖锄"，其刃平直，近似三角形，与锄柄连接处长如鹅颈。人站立使用时，锄刃可以平贴地面，锄草轻快便捷。鹅脖锄设计合理，一直沿用至今，只不过锄身变成了半月形。宋元时期北方旱地出现由耧车改进而成的耧锄，它用耰（yōu）锄替代了耧斗，蓄力牵拉，功力是手锄的3倍，每天锄地可达20

图 10-9-3　铁锄板（辽金）

亩之多。耧锄是我国最早的畜力中耕除草及培土的机械，它的出现是精耕细作技术进入全面成熟时期的重要表现之一。到晚清，陕西关中地区出现新锄——锄身中空的漏锄。漏锄锄地不翻土，锄过之后，土地平整，有利于保墒，而且使用轻便。为便于锄地除草，漏锄的锄边都是平直带角的，锄刃要利但不能过于锋芒。《农言著实》说："漏锄、笨锄总要有角，无角锄锄地不好。"漏锄可能创制于清代中、晚期，至今仍是中原及北方地区普遍使用的中耕农具。

在庄稼生长期中，锄可以进行定苗、除草、作垄、碎土、培土等表土作业，是农业生产过程中不可或缺的工具，属万用农具。根据土质和庄稼生长期的不同，可有针对性地选用锄头进行耕作。为防止"草盛豆苗稀"的情况出现，锄草就成为庄稼中耕管理的重要内容。锄去田间杂草，不仅禾根围土，有利于发根壮苗，还能适当松土保墒。俗话讲："锄下有三分水"；俗谚也有："麦田无杂草，穗大颗粒饱""谷锄三，穗尺三；糜锄三，穗如砖""棉花锄过三遍，花茧像个鸡蛋"，形象生动地说明中耕锄草对秋季丰收的重要性。不过一般的锄，"头"多扁宽，耕作时翻动土壤幅度大，易覆压秧苗或跑墒。此时，漏锄优势突显，既能松土锄草又不会翻转土块，还能保墒，一举多得，在北方干旱少雨地区，漏锄是精耕细作、防旱保墒的理想农具。

明清以来，人多地少的矛盾愈加突出。这一时期主要是通过耕作制度的变革、耕作技术的革新和田间管理技艺的提高来促进农业生产力的发展。传统农具基本满足了当时生产需要，缺乏发展的动力，基本处于停滞不前的阶段。而漏锄能在此时出现，表明我国北方旱地农田中耕管理质量提高，精耕细作水平达到了新高度，在我国农具史上具有一定的意义。

10. 最古老的脱粒机
——碌碡

碌碡又称碌轴、碌滚或碌子，是最古老的农具之一，过去农村场院里一种必备工具。碌碡一般为石制的圆柱形，一端略大，一端略小，宜于绕着一个中心旋转。圆柱体两端为平面，平面中心有圆脐眼，便于装木框（碌碡格子）用以牵引。

图 10-10-1 云南省寻甸县农村碌碡作业图

碌碡的历史悠久，北魏时期的《齐民要术》中就有记载：青稞麦在"治打时稍难，唯伏日用碌碡碾"。明代宋应星《天工开物》也记载着："凡稻刈（yì）获之后，离稿取粒。束稿于场二曳（yè）牛滚石以取者半……凡服牛曳石滚压场中，视人手击取者力省三倍"。可见我们的祖先1 000多年前就会制作和使用碌碡。它是农民用来碾轧场地和碾麦脱粒的石制农具，也可以说是最古老的脱粒机。

不要小看这个笨重的石质农具，它是有通用规格的。首先要选好花岗岩、石灰岩或片麻岩等石材，经放样后人工凿成圆柱形的母胎，然后进行细部加工。木框是碌碡基本的配套工具，它是木工根据碌碡的通用规格，做好2道横梁、2道边梁、2个圆木销子，在边梁上凿长方洞，榫（sǔn）接而成。碌碡不能单独使用，有了配套的木框，才算是完整的碌碡。在北方农村碌碡随用随弃，农民收工的时候，只是把木框带回家中即可。

根据不同用途，碌碡分为表面光滑和表面有棱2种，也分为粗碌碡和细碌碡。碌碡不仅用于谷物脱粒，也用于压碎土块和压平地面等，在我国北方广泛使用。碾地时，粗碌碡压得结实，细碌碡压得光滑。脱粒时，一般头一遍用粗碌碡，颗粒大都脱掉了，再用细碌碡轧，颗粒就脱得更彻底了。二者互补，相得益彰。

拉碌碡分为人力、畜力2种。在晒谷场用人力的较多，很少动用畜力拉碌碡，因为人们担心牲畜的粪便弄脏了粮食。偶尔用畜力拉碌碡，也要给牲畜戴上笼嘴（竹篾子或者铁丝编制的半球形器物），蒙住眼睛，以防牲畜吃粮食，也防牲畜偷懒。拉碌碡是一件很累很苦的活，不仅要不停地绕着场院转，动作十分机械单调，而且还要忍受烈日的暴晒。因为越是阳光强烈的中午，越是打场的好时机。

数千年来，碌碡主要扮演着原始脱粒机的角色，是农耕文明最具生命力的农业工具的代表。直到20世纪70、80年代，碌碡仍然是我国广大农村最常见的碾压脱粒农具。随着四轮拖拉机、打麦机、脱粒机、联合收割机等农业工具的进步和普遍使用，作为原始脱粒机的碌碡渐渐退出了打谷场，终于完成它的历史使命。但碌碡作为农耕文明的重要符号，永远留在我们的记忆中。

11. 现代双节棍之母
——连枷

连枷，也作梿枷、梿枷，是最早的谷物脱粒工具。连枷由手杆及敲杆组成，其构造原理是用一个转轴连结长柄和一组平排木条（或单根木棍）。以竹质或木质为主。工作时上下挥动木（竹）柄，使敲杆绕轴转动，可用来拍打谷物等脱粒。

图 10-11-1　连　枷　　　　　　　　图 10-11-2　连枷打场图

谷类作物自古即是我国农业生产中的重要粮食种类。谷类作物收获后，面临着如何脱粒、加工以便食用的问题。最原始的脱粒方法是用手来搓磨谷穗，慢慢发展为用木棍敲打，再后来就出现了连枷。连枷历史悠久，因连枷系竹木所制，难以保留到后代，未见出土的实物，但在春秋时期已见于文献记载。当时的齐国（今山东半岛），已使用连枷打麦，至少在唐代就已被称为连枷。

连枷制作简单，可以就地取材，大小随意，无论男女老少都能使用。使用连枷通常被称为打连枷，是农村的一项技术活儿。打连枷用的是巧劲儿，木柄和连枷的结合部有个小转轴，如果使用不当，就会拍在旁人的脑袋上，初学者更是常常打破自己的手。连枷正确的打法是两手相距1尺左右，握紧手杆下端，脚呈弓步，将连枷高高举起，稍顿，待敲杆转到与手杆一条直线上，用力向下抽打并保持敲杆平行落地，这样所打面积最大，力道也稳。一般连枷脱粒适用于量小的时候，据明代宋应星《天工开物·粹精第四》记述，豆菽收获后，少者用枷，多则铺场、暴晒、碌碡压之。使用连枷时不断往复地上下甩动抽打拍击，在看似简单的动作中，蕴含着圆周运动、惯性定律及打击原理等，能在几千年前就掌握如此复杂的机械运动，我们的祖先是很了不起的。

在几千年的农业生产历史中，连枷一直是我国南北方通用的重要谷物脱粒农具，流传时间长，适应范围广。在历代诗文都有对连枷的描述，宋代著名诗人范成大曰："新筑场地镜面平，家家打稻趁霜晴，笑歌声里轻雷动，一夜连枷响到明。"诗人用句浅意深的诗句，不仅描绘了农民用连枷喜打新粮的场面也告诫人们粮食来之不易，应该像珍惜珍珠一样珍惜粮食。

12. 一打三抖，谷粒入桶
——稻桶

稻桶，又称禾桶、掼桶，是一种传统的脱粒工具，曾在我国南方地区广泛使用。稻桶呈四方形，也有圆形，上口大，底板小，有底无盖。一般都是齐腰高，类似一个倒梯形。稻桶底部装有二根两头微微上翘的粗壮平行木档，俗称稻桶拔或拖泥，用来在泥田中拖迁稻桶，同时减少对稻桶底下作物的损害。

稻桶为木制，做好后要涂上桐油浸润，这样才能使经常浸泡在泥水中的稻桶坚固耐用。每年稻桶使用前还要放入水塘中浸泡几天，以防使用时渗水。由于稻桶体积较大，也较重，搬运起来并不容易。人们就把稻桶倒扣过来，往桶内斜撑一条扁担或木棍、竹棍，这样稻桶就能稳稳当当地扛在肩上了。

我国传统的脱粒工具有稻桶、连枷、稻篅、碌碡等很多种。稻桶使用年代悠久，在明代就已有记载，主要在南方稻田里使用，而连枷、碌碡大多在北方晒谷场使用。稻桶是我国南方地区最主要的脱粒工具，这是因为我国南方普遍种植籼稻，而籼稻有自然落粒的习性，为了保证颗粒归仓，也为了避开雨淋，所以收获的水稻要在田间马上脱粒，并将脱好的稻谷用簸箕装在箩筐内及时运走。

与稻桶一起搭配使用的有稻床和遮拦。所谓稻床就是一个嵌有多条弓形毛竹条，呈梯形的架子，是专为方便脱粒而制作的。脱粒时，将稻床扣在稻桶里，农民站在稻桶旁，高举稻把，把稻穗头重重甩打在稻床上，稻穗头经过与稻床的撞击，谷粒纷纷散落到稻桶里。遮拦是用篾（miè）片编织而成，高高地围在稻桶的 3 个侧面，防止

图 10-12-1　圆形稻桶

谷粒飞溅到田里去。打稻时，一般两人为一组，双手攥紧稻子的末端，向上挥过头卖力地在稻床上甩打。一把水稻要连续翻打几次直至谷粒完全脱落才行。别以为打稻只是个力气活，这里面也是有技巧的。打稻时一定要打一下抖三抖，这样才能把浮挂在稻把上的谷粒抖干净，避免再甩起来时，谷粒满天乱飞。

用稻桶脱粒，净谷多，秕谷、稻叶很少。只是效率低，劳动强度大。千万斤的稻谷都要集中在一定时间内，靠着这千万次的"一打三抖"，将粮食尽快归仓。"谁知盘中餐，粒粒皆辛苦"，稻桶见证着农人们年复一年的辛勤劳作，也见证着丰收的喜悦。

随着时代的发展，以后逐渐发明了几人可以同时打稻的脚踏打稻机、电动打稻机，到现代曾普遍使用的稻桶已踪迹难觅，基本被联合收割机取代了。只有在南方山区零散的小块的水田旁，仍有农人使用。

13. 现代离心式压缩机的祖先
——旋转式扬谷扇车

旋转式扬谷扇，又被称为风柜、扇车、飏车、扬车、扬扇、扬谷器，是一种用于去除稻粒壳的风扇车。它利用空气流动原理，利用人力制造风力进行扬谷除杂。

图 10-13-1　风扇车

我国的旋转式扬谷扇车发明于公元前 2 世纪，是根据手摇扇子产生气流的原理发明了风

图 10-13-2　风扇车

扇车。在我国河南、山西、四川等多个省份发现的汉代风扇车的模型或画像砖，反映出风扇车在当时已得到广泛使用。

《王祯农书·农器图谱·飔扇》记载我国古代风扇车有多种形制，根据叶轮装置方式、驱动方式的不同，有立扇式、卧扇式、手摇式、足踏式。其中手摇驱动的卧扇式风扇车使用最为普遍。风扇车成熟的标志是圆柱体风箱结构风扇车的出现，这种风扇车的最早记载见于明代宋应星的《天工开物》。

清选谷物是粮食收获后一项必须进行的程序。在扇车没有出现以前，只能将晒场过的粮食，扬场除去杂质，再用筛子（簸箕）进行清选。扬场一般是用木锨等工具将晒干的粮食掀向空中，利用风除杂，效率低，占场地大。更要受天气的限制，没有风，或是下雨天，都没法进行扬场。

风扇车的使用不仅大大提高了清选效率和质量，且不再受空间和天气的影响。"凡蹂打麦禾等稼，穰秕（hé）相杂，亦须用此风扇，比之杴（xiān）掷箕簸，其功多倍。"扇车被广泛使用，成为谷物加工中最重要的工具，是我国古代农村随处可见的最主要清选谷物的机械，并流传至世界各地。

风扇车在古代农业生产中有两种用途，一是用于"春碾之际"或是在"蹂打麦禾等稼"后，也就是清选加工谷物的两道工序。第一道工序是进行脱粒加工，清选谷粒中夹杂的秸秆、糠壳、尘土等杂物，第二道工序是将加工清选后的稻谷籽粒去壳加工，清出谷壳而得到净米。在同等风力下，风扇车可以根据质量不同的物体被风吹得远近不同的惯性原理，达到去粗取精的目的。

风扇车有手摇式和足踏式两种驱动方式。手摇式能够根据实际需要很好地控制叶轮转速，产生均匀稳定的风力。足踏式则很难控制在某一稳定的转速，难以产生稳定的风力和风速，而且它的半敞开式结构，也无法满足第二道工序的清选需要。由于足踏式可以解放双手，而且腿部力量大，力度和持久性都强，所以更适用于第一道工序。

风扇车是古人发明的极具科学性和实用性的粮食清选工具，对古代农业和社会发展起到了重要的作用。英国李约瑟博士对我国的风扇车有很好的评价，"在旋转风扇扬谷机的实用形式上，这是中国技术的又一典型项目。似乎确定是，所有欧洲旋转式气体鼓风机都是从它演变出来。"

中国旋转式风扇车的进气口总是位于风腔中央，现代所有离心式压缩机都仿效它这一特点，可以说它是现代离心式压缩机的祖先。

14. 粒食到面食的推手
——石磨

石磨是用人力或畜力把谷物去皮或研磨成粉末、浆的粮食加工工具。元代王祯农书中记载："凡磨上皆用漏斗盛麦，下之眼中。则利齿旋转，破麦作麸，然后收之筛箩，乃得成面。世间饼饵，自此始矣。"

图 10-14-1　宋代驴推磨画像砖

图 10-14-2　石　磨

石磨分为上、下两扇，每扇由有一定厚度的带齿的扁圆柱形的石块制成。用于制作石磨的石材多为硬度很强的青石。石磨上扇的偏圆心部位凿有一圆洞，称为磨眼；下扇其圆心也凿一较浅的孔洞，楔入一铁质立轴，用于固定石磨的上下扇，同时，也是上扇转动时的轴芯。两扇相合，下扇固定，上扇绕轴转动。两扇中间是一个磨膛，谷物通过磨眼流入磨膛，在两扇磨盘滚动过程中被研磨形成粉末，再从夹缝中流到磨盘上，过罗筛去麸皮等就得到面粉。石磨上扇侧壁装有磨柄，便于用力推动磨扇。由此可见，制造一台石磨的工序之多，雕凿之难。

新石器时代，我国北方就出现了用石棒砸碾谷壳的原始加工方法，后逐步被杵臼、碓、砻等加工所替代，石磨的出现是谷物加工上的重大变革。

相传石磨是战国时期的"木工之祖"鲁班发明的。最初叫硙（wéi），到了汉代以后才称为磨，并于汉代迅速发展及广泛应用。据考证，在河北保定满城汉墓中发现石磨实物。这个石磨是由一个石磨和铜漏斗组成的铜、石复合磨，距今已有约 2 100 年，是我国迄今发现的最早的石磨。石磨的结构原理在春秋战国时期已基本定形，到西晋至隋唐时期，石磨发展到成熟阶段，磨齿主要分为八区斜线型和十区斜线型。

晋代以前只会用人力或畜力推磨，后来我国发明了用水作动力的水磨，即在水轮上安装一个主轴，主轴与磨的上扇扇柄相连，流水冲动水轮，从而带动扇柄转动。随后又发明了"连二水磨""水转连磨"等由数只磨组成的磨群。到 20 世纪 70 年代，人们将古老的发明和现代化技术结合起来，创造出用电动机驱动的石磨。节省了劳动力，提高了生产效率。

石磨的诞生，是大豆、小麦在粮食加工技术上的需要。在战国时期大豆是我国北方地区的主要粮食作物。在石磨发明之前，我们的祖先一直都是"麦饭豆羹""豆饭藿（huò）羹"的粒食习俗。石磨的诞生，使人们改变了对大豆、小麦粒食的传统吃法，使我国北方大部分地区饮食习惯由粒食改为面食，促进了小麦的大面积推广种植，从而改变了南稻北粟的谷物结构，并为豆腐的发明提供了条件，也使得我国粮食加工工艺一直处于世界领先水平。

在我国漫长的农业史中，石磨是我国古代谷物加工中最重要的工具之一，具有划时代的意义，至今已流传了 2 600 多年，现在仍有一些地方在使用。

15. 云碓无人水自舂
——水碓

水碓是我国最早出现的以水力做动力来自动舂米的机械，由脚踏碓发展而来。水碓的动力机械是一个大的立式水轮，在《天工开物》中就有一个水轮带动 4 个碓的画面。它是靠水流冲击水轮带动拨板，由拨板拨动碓杆带动圆锥形碓头上下运动。碓头下面有放着稻米的石臼。随着碓头一起一落砸落在石臼里，稻米就被舂好了。

最早人们靠双臂用杵臼加工谷物，随后人们发明制造了比杵臼省力很多的脚踏碓。随着粮食需求的增大，也为了满足提高加工效率和加工质量的需要，人们又发明了蓄力碓和水力碓，使用最广泛的就是水力碓。历史上最早提到水碓的是西汉《桓子新论·离车第十一》，它记载着："伏义之制杵臼之利，万民以济。及后世加巧，延力借身重以践碓，而利十倍；又复设机用驴骡、牛马及役水而舂，其利百倍。"它的意思是

图 10-15-1　水　碓

说，后人先是巧妙地改进了杵臼，靠人力踏碓，效率超过杵臼 10 倍；而后又利用蓄力、水力踏碓，其效率超过杵臼百倍。"役水而舂"，所指就是水碓。唐诗"云碓无人水自舂"和农书中"水轮翻转无朝暮、舂杵低昂间后先"描述的都是水碓无需人力，可以昼夜工作的情形，它的效率是人力和蓄力不可比的。

图 10-15-2　舂米画像砖（东汉）

古代水碓分为地碓和船碓。地堆包括不同类型，《会稽志》中记载了 3 种，但现实生活中还发现有其他形制的。而船碓早在宋代就已有记载。特别值得一提的是：立式水轮是水碓中最常用最经济的动力机具，而卧式水轮常常用于水磨。

随着社会经济的发展和生产方式的进步，水碓技术也不断改进和提高，人们不仅可以根据水势的高低大小，采取不同的方法设置水碓，还可以按水力的大小决定带动几个碓。魏末晋初，杜预发明了连机碓和水转连磨。南北朝时的祖冲之更是发明了由一个大水轮同时驱动水碓与水磨的水碓磨，可以同时完成舂米和磨面。唐代以后，水碓记载更多，用途广泛，人们的生产、生活都离不开省力功大的水碓。

水碓往往能带来巨大的经济收益，财富可以"昼夜计算"，而被视为"田地产业及农村财富的象征"，对魏晋时代国民经济运转产生巨大影响，后世学者将魏晋时期称为"园田水碓之时代"。

水碓已使用了 2 000 多年，一直是我国重要的生产、生活工具，对我国古代乃至近代的粮食加工做出了重要贡献，使我国古代粮食加工水平始终处于世界领先地位。它的普及应用，也对水磨、水碾的发明创造产生巨大作用。水碓的发明和使用不仅是机械技术的重大进步，也反映了人类利用自然的能力大幅提高。

十一、农书篇

1. 古代农业的重要文化遗产

——农书

我国古代留下了非常丰富的农业文献，北京图书馆（现国家图书馆）主编的《中国古农书联合目录》登录了643种古农书，流传至今的有300多种，保存了大量传统农学和农业经济等方面的珍贵资料，这在世界上是绝无仅有的。

图 11-1-1 农书古籍

农学是我国古代科学技术中取得成就最辉煌的学科之一，和中医学、天文学以及算学并称于世。历朝历代，上至官府，下至平民，都十分重视农业生产技术经验的总结和推广。我国农书启始于春秋战国，当时诸子百家中有农家，《汉书》记载的《神农》《野老》是最古老的农书。秦汉至南北朝时期的农业重心在黄河流域，重要农书有《氾胜之书》《四民月令》和《齐民要术》。隋唐宋元时期的农业重心转移到长江以南，重要农书有：《四时纂要》《陈旉农书》《王祯农书》《农桑辑要》等。明清时期精耕细作的技术体系继续推广和提高，农书的撰述空前繁盛。重要农书有《便民图纂》《群芳谱》《天工开物》和《农政全书》《授时通考》等。在众多古农书中，《氾胜之书》《齐民要术》《陈旉农书》《王祯农书》《农政全书》统称五大农书，这五大农书是我国现存的古代农学专著中的杰作。

除综合性古农书外，还有许多专业性农书，内容涉及农耕、园艺、蚕桑、畜牧、兽医、林木、渔业以至农产品加工等众多门类。如蚕桑类古籍包括蚕桑内容的综合性古农书有56种、蚕桑专著210种。这些书籍既有文字的详尽记载，又有画面的形象表达，在历史上曾为我国蚕业发展作出过重大贡献，对现在和将来都发挥着重要的作用，充分显示着灿烂的蚕文化，是祖国的瑰宝和人类的遗产。在众多专业性农书中，最古老的书籍多在自己的学科中具有率先总结经验，为本学科奠基的作用。如唐代的陆羽《茶经》是我国也是世界上最早的茶叶专著；唐代陆龟蒙的《耒耜经》是我国最早的农具专著，全书1卷，共600余字，首先记载了著名的江东犁。唐代李石撰写的《司牧安骥集》是我国现存最古老的中兽医学专著，曾为唐宋元明历代兽医学教材。宋代陈景沂的《全芳备祖》是现存最古、最大的花卉专著，对后世影响很大，明代王象晋作《群芳谱》就是以此书作为蓝本。

许多中国古农书之所以能够被保存下来，是因为被收录到《四库全书》中。被国际学术界誉为"中国文化的万里长城"的《四库全书》，是乾隆皇帝命纪晓岚等 400 多人历时 10 载编纂完成的，全书共收录古籍 3 461 种、79 309 卷，几乎囊括了清乾隆以前我国历史上的主要典籍，是中华文明沿袭千年的最直接见证，是领袖东方的文明典籍之一。

2. 最早的星象物候历、农事历
——《夏小正》

《夏小正》是我国现存最早的星象物候历，也是现存最早的将天文、气象、物候和农事结合叙述的月令式著作，在我国月令史上有非常重要的地位。原为《大戴礼记》中的第 47 篇。有专家考证，《夏小正》的经文成书年代可能是商代或商周之际，最迟也是春秋以前，由居住在淮海地区沿用夏时的杞人整理记录的。

《夏小正》以一年 12 个月为序，叙事极其简省，校注本的经文共 413 字，按月分别记载每月的物候、气象、星象、农事和有关重大政事等，大多是 2～4 字为 1 句。现每月抽取一条举例说明。正月：启蛰（开始活动）。2 月：往耰黍（到准备种黍的田地去整地）。3 月：妾子始蚕，执养宫事（蚕妾和贵妇开始养蚕）。4 月：莠幽（狗尾草抽穗了）。5 月：时有养日（出现白天最长的日子）。6 月：鹰始挚（雏鹰已经成长，开始会搏击猎物）。7 月：灌荼（利用夏天的雨潦，淹灌苦菜地）。8 月：鹿从（牝牡鹿追逐交配）。9 月：内火（大火星出）。10 月：豺祭兽（如豺快捷，捕兽祭神祭祖）。11 月：王狩（王率众投入冬猎）。12 月：鸣弋（依鸟叫声找回射出的箭）。其中物候 173 字，天象 85 字，农事 72 字，气象 21 字，其他 38 字。物候的比重将近一半，属于动物物候的有 36 条，属于植物物候的有 14 条。动物物候多于植物物候，说明《夏小正》时生产结构中狩猎采集占很大的比重。《夏小正》涉及农事的范围甚大，从种植、蚕桑、畜牧、采集到渔猎都有涉及。其中，关于雄马的阉割和园艺作物芸、桃、杏等的栽培等，均为自古以来首次记载。

《夏小正》的历法究竟是一年为 10 个月，还是 12 个月？有专家把《夏小正》和彝族的太阳历作对比研究，指出《夏小正》原是把一年分为 10 个月的太阳历，今本《夏小正》的 11 月、12 月是后人添加的。理由：一是《夏小正》有星象记载的月份只有 1～10 月，11 月和 12 月没有星象记载；二是从参星出现的情况看，从正月"初昏参中"日在危，到 3 月"参则伏"日在胃，再到 5 月"参则见"日在井，每月日行都是 35°，与一年按 10 个月计算的月均 36°接近；三是从北斗斗柄指向看，由于一年四季斗建辰移是均匀的，《夏小正》正月"县在下"，6 月"正在上"，斗柄从下指到上指为 5 个月，斗柄由上指回到下指也应是 5 个月。这也说明《夏小正》是 10 月历；四是《夏小正》9 月"王始裘（毛皮衣）"，这时应当开始入冬了，所以 10 月已进入全年最寒冷的季节了；五是五月"时有养日（白昼最长，即夏至）"，10 月"时有养夜（黑夜最长，即冬至）"，从夏至到冬至只有 5 个月。那么，从冬至到夏至也应该是 5 个月。合起来，一年正好是 10 个月。

3. 千古奇人吕不韦编纂的不朽典籍
——《吕氏春秋》

《吕氏春秋》是战国末年（公元前 239 年前后）秦国丞相吕不韦组织属下门客集体编撰的著作，又名《吕览》。共分为十二纪、八览、六论，共 26 卷，160 篇，20 余万字。全书汇合了先秦各派学说，"兼儒墨，合名法"，有儒、道、墨、法、兵、农、纵横、阴阳等诸子百家思想，故史称"杂家"。吕不韦认为其中包括了天地万物古往今来的事理，所以号称《吕氏春秋》。

该书《六论》的最后一论《士容论》中关于农业的论述有《上农》《任地》《辩土》和《审时》4 篇，保存了大量古代农业科学技术方面的资料。"上农"讲的是重农固本的农业政策，提出"古先圣之所以导其民也，先务于农。民农，非徒为地利也，贵其志也""民农则朴，朴则易用，易用则境安，主位尊"等观点。指出倡导重农，不仅为了生产，还有"贵其志"的目的；其余三篇则讲述了农业生产技术知识，是先秦文献中讲述农业科技最为集中和最为深入的一组论文，论述了从耕地、整地、播种、定苗、除

图 11-3-1 《吕氏春秋》

草、收获以及农时等一整套具体的农业技术和原则，内容十分丰富。《任地》提出了农业生产中的十大问题和土地利用的总原则。《辩土》主要是谈耕作栽培技术方法，即所谓"耕道"。《审时》主要论述掌握农时的重要性。

因《吕氏春秋》而流芳百世的吕不韦是一个千古奇人。吕不韦是卫国人，为了经商来到各诸侯国的交通要道赵国，白手起家往来各地，以低价买进、高价卖出的方式，积累起千金家产，是历史上开拓国际贸易的第一人。他在邯郸做生意时，认识了被派到赵国的秦国人质子楚（秦昭王庶孙，秦始皇之父），就像得到了一件珍奇货物，认为可以囤积居奇，将来可以卖个好价钱。这便是成语"奇货可居"的出典。吕不韦用大笔的金银财宝贿赂秦王宠爱的华阳夫人，使质子异人子楚登上了秦王的宝座。后来子楚的年幼儿子秦始皇登位，吕不韦成为了权倾朝野的宰相，开创了商人从政的先河。吕不韦因不服魏信陵、楚春申、赵平原和齐孟尝四君子之才学，也为以后的秦国统治提供了长久的治国方略，招来文人学士、门下食客

3 000 余人，礼厚待遇，令其广舒其见，撰文成书。《吕氏春秋》书稿完成，吕不韦为了精益求精和扩大影响，请人将书稿全部誊抄，挂于咸阳城门，声称如有谁能改动一字，即赏千金。这就是成语"一字千金"的出处。

4. 最早的一部综合性农书
——《氾胜之书》

《氾胜之书》总结了 2 000 多年以前以我国关中平原和黄河中下游地区为中心的农业生产经验，是我国最早的一部综合性农书。

氾胜之是西汉时人，汉成帝（公元前32—前7年在位）时出任过议郎，后因在三辅地区（包括关中平原）推广农业、教导种麦取得成效，而被提拔为御史，是我国古代著名的四大农学家之一，同后魏的贾思勰、元代的王祯、明代的徐光启齐名。氾胜之在汉武帝时推行赵过创造的代田法和新式农具耦犁、耧车等的基础上，创造区田法。区田法分上农区、中农区、下农区和小方穴区种法、带状区种法。每一块小区，四周打上土埂，中间整平，调和土壤，以增强土壤的保墒保肥能力。耕锄方便，便于精耕细作，最

图 11-4-1　氾胜之铜像

适宜穷苦的个体农民经营。直到中华人民共和国成立以后，陕北农民还实行这种区田耕种法。

《氾胜之书》成书于西汉成帝年间。现存的《氾胜之书》是从《齐民要术》等一些古书中摘录的原文辑集而成，约 3 500 字，共 18 篇，主要内容包括：提出了耕作栽培的总原则"趣时（及时耕作）和土（土地的利用和改良）、务粪（施肥）泽（保墒灌溉）、早锄（及时中耕除草）早获（及时收获）"，并对之作了具体的阐述；科学地阐明了适时播种的重要性，认为播种冬小麦不宜太早也不宜太迟；最早记载了我国劳动人民的选种方法和草木（瓜类）植物嫁接的方法；最早记载桑树直播育苗法；详细介绍了种肥、基肥和追肥的情况和方法；对汉代农业生产技术的一大创新"区田法"和被誉世界上最早的"溲种法"也详加论述；除总结当时北方旱地农业生产经验外，也涉及了南方的水田耕种方法。

《氾胜之书》对禾、黍、麦、稻、稗、大豆、小豆、枲（xǐ）、麻、瓜、瓠、芋、桑等13 种作物的栽培技术记载尤为详细，对区种法、溲种法、耕田法、种麦法、种瓜法、种瓠法、穗选法、调节稻田水温法、桑苗截干法等，也有全面记述，这些都反映出了当时先进的农业科学技术水平，从而奠定了我国古代农书传统的作物栽培各论的基础，对传统农学产生

了深远影响。

5. 东汉地主庄园农事书
——《四民月令》

《四民月令》是东汉（25—220 年）后期叙述一年例行农事活动的专书，是东汉大尚书崔寔模仿古时《月令》所著的农业著作，也是一本庄园地主经营农事的家历。

崔寔出身于名门高第，世家地主家庭。青年时代性格内向，爱读书。成年后，在桓帝时曾两次被朝廷召拜为议郎。他一生所著碑、论、箴、铭、答、七言、祠文、表、记、书各类著作凡 10 类 15 篇。崔寔年轻时曾帮助母亲料理过一些家务，在经营管理中，逐渐学得不少按照时令来安排耕织操作的知识。崔寔根据多年的亲身体验深刻认识到：农业生产及以农业生产为基础的工商业经营，都必须考虑农作物生长的季节性，加以合理的妥善安排才可获得较多收益。因此他把前人和自己母子两人所积累的经验，加以总结，按月安排，写成《四民月令》。"四民"是指士（学者）、农、工、商四种行业，也是指从事这四种行业的平民。所反映的正是东汉晚期一个拥有相当数量田产的世族地主庄园，一年 12 个月的家庭事务的安排。现存版本共有 2 371 字中，与狭义农业操作有关的共 522 字，占总字数的 22%，再加上养蚕、纺绩、织染以及食品加工和酿造等项

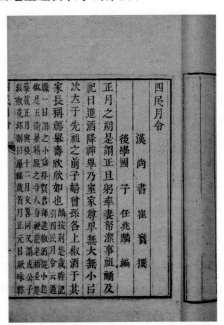

图 11-5-1 《四民月令》

合计也不到 40%。其他如教育、处理社会关系、粜籴买卖、制药、冠子、纳妇和卫生等约占 60% 多。

从西汉《氾胜之书》到后魏《齐民要术》的出现，中间相隔 500 多年，其间只有《四民月令》一部农业生产书籍，能反映当时的农业发展。尽管有关操作技术记述简略，而且散佚不全，但它仍为后人研究当时的农业生产提供重要史料。书中介绍的作物和牲畜种类很多，还有包罗万象的手工业、纺织业、制造业等，甚至还有庠序（xiángxù，古代的地方学校。后也泛称学校或教育事业。《孟子·滕文公上》："夏曰校，殷曰序，周曰庠。"）的记载等等。除了描述农业生产外，书中还提到了农业经营，表明当时的农村已经出现较多的商品经济和经营活动。

书中所述的生产规模大多已超出小农经济的规模，从中可以看出东汉时洛阳地区农业生产和农业技术的发展状况，尤以农业占优，同时也重视蚕桑；畜牧业仅从属农业，蔬菜则以

荤腥调味类居多。《四民月令》还是最早记述别稻（即水稻移栽）和树木压条繁殖方法的书籍。

6. 世界最早的农业百科全书
——《齐民要术》

　　《齐民要术》是北魏（386—534 年）时期我国杰出农学家贾思勰（xié）所著的一部综合性农书。该书系统总结了公元 6 世纪以前黄河中下游地区农牧业生产经验、食品加工与贮藏、野生植物利用等科技成就，对我国古代农学的发展有着极其重要的影响。它是我国最早最完整的农业科学名著，是一部具有高度科学价值的"农业百科全书"，也是世界上最早的农学专著之一。

图 11-6-1　贾思勰像

图 11-6-2　《齐民要术》

　　贾思勰做过高阳（今山东临淄西北）太守。这个经历让他深切体会到农业科技水平的高低关系到国家是否富强，便萌生了撰写农书的想法。他曾先后到过山西、河南、河北等地考察过农业生产情况，后回到家乡，亲自参加农牧业生产。一次，他养了 200 只羊，因饲料不足，不到一年就饿死大半。后来他又养了一群羊，这次先种了 20 亩大豆，准备了充足的饲料，可羊还是死了不少。这是什么原因呢？后来他听说 100 里外有位养羊能手，就不辞辛苦，前往请教。老羊倌仔细询问了他养羊的经过，帮他找到了死羊的原因。原来，他把饲料随便扔到羊圈里，羊踩来踩去，又在上面拉屎撒尿，羊就不肯吃了，结果虽然饲料充足，仍有羊饿死。他在老羊倌家住了好几天，仔细察看了羊圈，学习了羊倌的饲养方法，回来后照着做，果然效果很好。由于他刻苦钻研农业知识，经常向有经验的老农请教，并亲自参加生产实践，对农业科学有了精深的研究。如今，临沂人尊称他为"农学之父"，并建造贾思勰纪念馆以彰显其伟大功绩。

《齐民要术》书名中的"齐民"，是指平民百姓，"要术"则指的是谋生方法。全书分为10卷，共92篇，11万字，其中正文约7万字，注释约4万字。书中内容相当丰富，涉及面极广，包括各种农作物的栽培，各种经济林木的生产，以及各种野生植物的利用等；同时，书中还详细介绍了各种家禽、家畜、鱼、蚕等的饲养和疾病防治，并把农副产品的加工（如酿造）以及食品加工、文具和日用品生产等形形色色的内容都囊括在内。该书前五卷介绍粮食、油料、染料作物、蔬菜、果树、桑等的栽培技术；第六卷，是关于禽畜和鱼类的养殖；第七卷到九卷，是农副产品加工、储运，包括酿造、酶制储藏、果品加工、烹饪、制糖等内容；第十卷则介绍有实用价值的热带、亚热带植物。另外，书前还有"自序""杂说"各一篇，其中的"序"广泛摘引圣君贤相、有识之士等注重农业的事例，以及由于注重农业而取得的显著成效。

7. 在日本发现的唐代农家杂录
——《四时纂要》

韩鄂的《四时纂（zuǎn）要》约成书于唐朝（618—907年）末期，或五代（907—960年）之初。原书在我国早已佚失。1960年，在日本发现了明朝万历十八年（1590年）的朝鲜重刻本，于是将其复印并在国内出版，得以传世。

韩鄂是唐玄宗时宰相韩休之兄长的玄孙，家居之地离京城长安不远，应是个田庄主，生活比较优裕，著有《四时纂要》和岁时节日生活的民俗志《岁华纪丽》。《四时纂要》将一年四季分为12个月，列举了农家各月应做的事项，是一部月令式的农家杂录。书中资料大量来自《齐民要术》，少数来自《氾胜之书》《四民月令》《山居要术》以及一部分医方书，也有作者自己的实践经验总结。全书5卷，42 000余字。内容除占候、祈禳、禁忌等外，可分为农业生产、农副产品加工和制造，医药卫生、器物修造和保藏、商业经营和教育文化六大类。

农业生产是本书的主体，包括农、林、牧、副、渔，尤以粮食、蔬菜生产经营为主。在农业生产技术方面，记述了较前一时代有发展进步的果树嫁接、合接大葫芦、苜蓿与麦的混种、茶苗与皁麻、黍稷（音：jì，一年生草本植物，不黏的黍类，又名"糜子"）的套种、生姜和葱的种植以及兽医方剂等。其中，棉花、茶树、薯蓣、菌子的种植和养蜂等为我国最早的文字记载。在农副产品加工制造方面，记述也很全面，特别记述了很多酿造技术的创新。如最早介绍利用麦麸酿制"麸豉"，价廉且节约粮食。制酱方面，突破了以前先制麦曲，然后再下曲拌豆的做法，并两道程序为一道，将麦豆合并一起制成干酱醋；又将咸豆豉的液汁煎熬灭菌制作成酱油用作调味品；还有药酒、果子酒、冲水调吃"干酒"的酿制，品种多而具有特色。从谷物到藕、莲、芡、荸荠（bíqi）、薯蓣（yù）、葛、百合、茯苓、泽泻、蒺藜（jílí）等各种植物淀粉的提制；从果实、球茎、鳞茎、块根、根茎以至菌核等，无不加以利用。在医药卫生方面，最突出的是采录了很多药用植物的栽培技术，成为现存农书中最早的记载。

《四时纂要》是自 6 世纪初《齐民要术》以后至 12 世纪初《陈旉农书》以前，6 个世纪中仅见的一部记载详备的农书，而且为我们保存了《山居要术》这本书的几条珍贵材料。另外，引有《山厨录》《地利经》各一条，也供给了我们一些线索。《四时纂要》也是研究唐至五代农业技术发展史和社会经济史的珍贵资料。

8. 世界最早的茶叶百科全书
——《茶经》

《茶经》由我国茶道的奠基人陆羽所著，是我国乃至世界现存最早、最完整、最全面介绍茶的一部综合性专著。《茶经》系统总结了唐代和唐代以前的相关茶事，被誉为"茶叶百科全书"。它不仅是一部精辟的农学著作，也是一本阐述茶文化的专业书籍。它将普通茶事冠以一种唯美的文化内涵，推动了我国茶文化的发展，成为我国茶文化发展到一定阶段的重要标志。

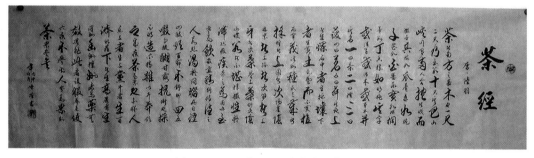

图 11-8-1　《茶经》（陈隆书法作品）

陆羽，字鸿渐，唐代复州竟陵人（今湖北天门）。陆羽刚出生时，便被父母遗弃河边，被龙盖寺的智积禅师收养，在寺中，他不但学得了识字，也学会了烹茶事物。陆羽虽然容貌不佳，说话有点口吃，但是聪颖好学，幽默机智。因为是个孤儿，无姓无名，其姓名和字皆取自《易经》卦辞："鸿渐于陆，其羽可为用仪"，意思是说：水鸟到了高平地，它的羽毛可以编成文舞的道具。陆羽 13 岁的时候，得到竟陵太守李齐物的赏识，不但赠他诗书，还推荐他到火门山的邹夫子那里学习。19 岁时学成下山，常与好友诗人崔国辅一起出游，品茶鉴水，谈诗论文，与颜真卿、张志和等一批名士相交甚笃。陆羽对当官毫无兴趣，唯独嗜茶如命，21 岁时，他为了研究茶的品种和特性，离开竟陵，游历天下，遍尝各地的名水和名茶，常亲身攀葛附藤，深入产地，采茶制茶，一心扑在研究茶上。760 年为避安史之乱，陆羽隐居浙江苕溪（今湖州）。其间在亲自调查和实践的基础上，认真总结、悉心研究了前人和当时茶叶的生产经验，完成创始之作《茶经》。因此，被尊为茶神和茶仙。

《茶经》分3卷10节，约7 000字。卷上：一之源，讲茶的起源、形状、功用、名称、品质；二之具，谈采茶制茶的用具，如采茶篮、蒸茶灶、焙茶棚等；三之造，论述茶的种类和采制方法。卷中：四之器，叙述煮茶、饮茶的器皿，即24种饮茶用具，如风炉、茶釜、纸囊、木碾、茶碗等。卷下：五之煮，讲烹茶的方法和各地水质的品第；六之饮，讲饮茶的风俗，即陈述唐代以前的饮茶历史；七之事，叙述古今有关茶的故事、产地和药效等；八之出，将唐代全国茶区的分布归纳为山南（荆州之南）、浙南、浙西、剑南、浙东、黔中、江西、岭南等八区，并谈各地所产茶叶的优劣；九之略，分析采茶、制茶用具可依当时环境，省略某些用具；十之图，教人用绢素写茶经，陈诸座隅，目击而存。《茶经》系统地总结了当时的茶叶采制和饮用经验，全面论述了有关茶叶起源、生产、饮用等各方面的问题，传播了茶业科学知识，促进了茶叶生产的发展，开辟了我国茶道的先河。

9. 首部南方水田农业专著
——《陈旉农书》

《陈旉农书》是我国宋代论述南方农事的综合性农书，在我国农学史上占有相当重要的地位。作者陈旉在真州（今江苏省仪征市）西山隐居务农，他自号"西山隐居全真子"，应是一位道教的信徒。因为要躲避金兵，只能在长江南北奔波，在住地"种药治圃"。因此，有机缘接触农夫与农业，为他撰著《陈旉农书》创造了条件。于南宋绍兴十九年（1149年）74岁时写成此书，经地方官吏先后刊印传播。明代收入《永乐大典》，清代收入多种丛书。18世纪时传入日本。

《陈旉农书》成书之时正是杭州一带蚕桑兴盛之际，书中以江南种稻、养蚕为主要内容，而且只说生产，不涉及手工业操作。它是私人著作的地区性农书的典型，是第一部反映南方水田农事的专著。全书连序、跋在内共约12 500字。分上、中、下3卷22篇，上卷概括地讨论以水稻为主的狭义耕种；中卷3篇，专谈水牛，是江南地区适用于水稻耕作用的唯一役畜；下卷5篇，专谈蚕桑，从种桑起，分为种桑之法，收蚕种之法，育蚕之法，用火、采桑之法，收蚕种之法，育蚕之法，和蔟箔、藏茧之法，并首次记载了桑树嫁接和低温处理蚕种技术。自从陈旉将蚕桑作为农书中的一个重点来处理之后，后来各种农书，除了专论蚕桑的专业书之外，绝大多数都包括了蚕桑生产在内。

《陈旉农书》在我国古代农学上比较突出发展表现在：一是用专篇来系统地讨论土地利用；二是明确提出两个杰出的对于土壤看法的基本原则，土壤虽有多种，好坏不一，只要治理得法，都能适合于栽培作物；使用得当，土壤可以经常保持新壮；三是关于肥料，不但用专篇来谈论，其他各篇也有具体细致的论述，对肥源、保肥和施用方法有不少创新和发展；四是这是现存的第一本专门谈论南方水稻区农业技术的农书，并且有专篇谈论水稻的秧田育苗；五是具有相当完整系统的理论体系，提出经营农业的原则和方

图 11-9-1 　《陈旉农书》中关于地力常新壮的记载

法，强调发展畜牧业和蚕桑业的重要性。但是，由于作者对黄河流域一带的北方生产状
况并不熟悉，因此将《齐民要术》等农书讥讽为"空言"和"迂疏不适用"，表现出他思
想和实践的局限性。

10. 千古流芳的千字文
——《秦观蚕书》

《秦观蚕书》是秦观将他妻子所述兖州养蚕、缫丝的实际生产过程记载下来写成的。成
书于公元 1084 年，是一篇不到 1 000 字的专为养蚕而写的短文，是我国现存最早论述养蚕、
缫丝的专业蚕书，比日本最早的蚕书《蚕饲法记》早 600 多年。

秦观，字少游，扬州高邮（今属江苏）人，北宋文学家，与黄庭坚、张耒、晁补之合称
"苏门四学士"，颇得苏轼赏识。秦观的代表作《鹊桥仙》中的"两情若是久长时，又岂在朝
朝暮暮"被誉为"化腐朽为神奇"的诗句。秦观的科举征途却屡遭挫折，公元 1085 年，秦
观第三次参加科举考试，才中年考取进士，踏上屡遭挫折的十年仕宦之途。最后竟死在荒蛮
之地，令人无限感慨。

《秦观蚕书》主要总结宋代以前山东兖州地区的养蚕和缫丝的经验，尤其对缫丝工艺技

术和缫车的结构、型制进行了论述。全书分种变、时食、制居、化治、钱眼、锁星、添梯、缫车、祷神和戎治等 10 个部分。从浴种到缫丝的各阶段，都有简明切实叙述，其中"种变"是蚕卵经浴种发蚁的过程；"时食"是蚁蚕吃桑叶后结茧的育蚕过程；"制居"是蚕按质上蔟结茧；"化治"是掌握煮茧的温度和索绪、添绪的操作工艺过程；"钱眼"是丝绪经过的集绪器（导丝孔）；"缫车"是脚踏式的北缫车及其结构和传动。《秦观蚕书》还介绍了蚕的龄期与食桑量、温度与发蛾关系，提出了多回薄饲技术，它说："蚕生明日，桑或拓叶，风决以食之。寸二十分，昼夜五食；九日，不食一日一夜，谓之初眠；又七日再眠如初，即食叶，寸十分，昼夜大食；又七日三眠如再。又七日若五日，不食二日，谓之大眠；食半叶，昼夜八食；又三日健食，乃食全叶，昼夜十食。不三日，遂茧。凡眠以初食，布叶勿掷，掷则蚕惊。勿食二叶"。

图 11-10-1　秦观像

《秦观蚕书》行文以农家方言为主，全文无图，艰涩难懂。由于书中的记载来自直接观察，所以文字虽简略，但却极有价值。

11. 世界第一部农业科普画册
——《耕织图》

《耕织图》系统、具体地记录了我国宋代耕织生产过程，是研究我国古代耕织的珍贵材料。它直观形象、通俗易懂、便于传诵、雅俗共赏、具有广泛的指导意义，不仅对我国和东南亚地区的耕织发展具有重要的影响，而且还远及欧洲，被誉为"世界第一部农业科普画册"。

最早的《耕织图》是南宋绍兴初年于潜县令楼璹所绘制的，分耕和织两大部分，共 45 幅。第一部分为耕，设图 21 幅；第二部分为织，设图 24 幅。每幅配五言诗一首，"图绘以尽其状，诗歌以尽其情"。楼璹《耕织图》中绘制的大量农具图、织具图不仅在我国属首创，并对世界农耕、蚕织、纺织生产技术的发展与改进有划时代的意义。现楼璹所绘制《耕织图》已不存，黑龙江省博物馆收藏楼璹《耕织图》中《织图》的摹本——宋人《蚕织图》已成为我国现存最早完整记录栽桑、养蚕、缫丝的画卷。其内容是描绘南宋初年浙东一带蚕织

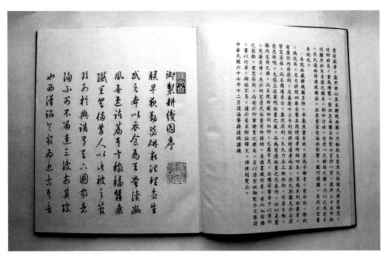

图 11-11-1 《耕织图》

户自"腊月浴蚕"开始,到"织帛下机"为止的养蚕、缫丝、织帛生产的全过程。全卷由24个画面组成,每图配以五言八句诗,将蚕桑之事,图文并茂、曲尽情状地展示了出来,每个画面下部有宋高宗续配吴皇后的亲笔楷书题注,卷尾有从元至清收藏鉴定名家和乾隆帝等九段题跋。整个画面结构分明,养蚕器具如箱、笼、族、斧、瓮、纺织用具,皆精服细刻。所展现的劳动场面,既紧凑又完整,又变化又统一。

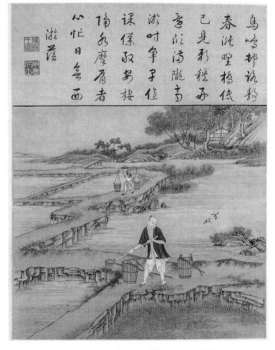

图 11-11-2 雍正《耕织图》"淤荫"

《耕织图》问世后受政府的青睐和农民的欢迎,一时兴起了我国历史上第一次《耕织图》热潮。当时各种形式的《耕织图》成为十分令人瞩目、广为传播的农业生产技术知识普及宣传画,对农业技术推广和生产发展具有重要意义。正规的《耕织图》最早是南宋时期刘松年所作,同一时期的楼璹绘制《耕织图诗》在清朝康熙帝南巡的时候见到了,康熙皇帝感慨织女之寒、农夫之苦,于是让宫廷画家在楼璹的基础上重新绘制,有耕图和织图各23幅,并且也是每张图附诗一首。受康熙的影响,雍正、乾隆、嘉庆、光绪各朝都出现了御制和民间绘制的耕织图。宋、元、明、清各朝及日本、朝鲜等国有众多摹本流传(已知国内版本30余种、国外版本近20种),并通过陶器、壁画、雕刻、年画等载体广泛传播,成为家喻户晓的农业生产技术知识普及宣传画,对农业生产技术的改进与发展无疑有促进作用,在我国历史上形成一种特有的《耕织图》文化现象。

12. 忽必烈政府编纂修订的农书
——《农桑辑要》

　　《农桑辑要》是元世祖忽必烈时政府颁发行政区的一部官书，由司农司（元朝时所设的掌管劝课农桑、水利、乡学、义仓诸事的中央政府部门）编纂的综合性农书，是我国现存最早的官修农书。《农桑辑要》与《王祯农书》《农桑衣食撮要》为元代农书中最为重要的三部，这些农书的创作是元代游牧文化与农耕文化冲突与融合的见证。

　　《农桑辑要》成书于元世祖至元十年（1273年），当时忽必烈刚定国号为元，已灭掉金国，但尚未吞并南宋。因黄河流域经历多年战乱、田地荒芜、生产凋敝，此书编成后，便由政府颁发给各地指导农业生产。全书内容主要以北方农业为介绍对象，全书7卷，内容分10篇，包括186节。10篇的标题是：典训、耕垦、播种、栽桑、养蚕、瓜菜、果实、竹木、药草、孳畜。典训一篇记述农桑起源以及经史上面一些关于重农的言论和事迹，算是一篇叙论，与农业技术无关。后9篇则包括农学、园艺、畜牧和蚕桑4个方面。栽桑养蚕占全书比重较大，几乎占了全书1/3，所以书名《农桑辑要》。说明元代桑蚕业的地位大幅度提高，已经取得与农耕并重的地位。

　　本书绝大部分内容摘录前人著作，除典训篇所引经史典籍而外，最主要的是《齐民要术》（通计186节中，引此书者凡89节，转录者尚不在内），其次是《务本新书》（凡50节）、《四时类要》（凡33节）和《士农必用》（凡36节）等三部书，再次是《韩氏直说》（凡13节）《博闻录》（凡20节）和《农桑要旨》（凡8节）等三部书，此外还有《博闻录》《农桑要旨》《岁时广记》《本草图经》《桑蚕直说》《蚕经》《志林》《琐碎录》等书的精华部分。《务本新书》《四时类要》《博闻录》《士农必用》《韩氏直说》《农桑要旨》等被直接引用的书，内容大都是很好的，但后世都已失传，幸而由本书保留下来一部分。在继承前代农书的基础上，《农桑辑要》也对北方地区精耕细作和栽桑养蚕技术有所发扬和提高，同时对经济作物如棉花和苎麻等的栽培技术尤为重视。在当时，是一本实用性较强的农书。

　　本书最初的编辑人为畅师文，后又经苗好谦、孟祺等人修订补充。他们都是元朝的农官，又是奉命编写的。本书在元代经过几次重刊，印数也不少，但保存到后世的却极为有限。由于此前唐代武则天时期删订的《兆人本业》和北宋时期的《真宗授时要录》均已失传，所以《农桑辑要》就成了我国现存的最早的由政府编纂修订的农业书籍。

13. 古代农书的双璧之一
——《王祯农书》

　　《王祯农书》成书于元仁宗皇庆二年（1313 年），是综合了黄河流域旱田耕作和江南水田耕作两方面的生产实际写成的。它是总结我国农业生产经验的一部综合性农学著作，和北魏《齐民要术》并称我国古代农书的双璧，在我国古代农学遗产中占有重要地位。

图 11-13-1　《王祯农书》

图 11-13-2　王祯像

　　《王祯农书》共有 37 集，约 13 万余字，包括《农桑通诀》《百谷谱》和《农器图谱》3个部分。第一部分《农桑通诀》相当于农业总论，对农业、牛耕、养蚕的历史渊源作了概述；又以《授时》《地利》两篇来论述农业生产的关键是"时宜"和"地宜"问题；再就是以从"垦耕"到"收获"等 7 篇来论述开垦、土壤、耕种、施肥、水利灌溉、田间管理和收获等农业操作的基本原则和措施，体现了作者的农学思想体系。第二部分《百谷谱》则像栽培各论，分述粮食作物、蔬菜、水果等的栽种技术，较为详尽地描述各作物的性状，已基本具有农作物分类学的雏形。第三部分《农器图谱》是全书的重点所在，占全书 80% 的篇幅，几乎包括了所有的传统农具和主要设施，收录的农器数量达 100 多种，绘图 306 幅，堪称我国最早的图文并茂的农具专书。《王祯农书》首次全面系统地论述了广义农业的概念，明确表明广义农业包括粮食作物、蚕桑、畜牧、园艺、林业、渔业；首次兼论南北农业技术，将南北农业的异同进行比较分析；首次将农具列为综合性整体农书的重要组成部分。

　　作者王祯（1271—1368 年），元代东平（今山东东平）人，曾做过两任县尹。《王祯农书》大约是在旌德县尹期间着手编写的，直到调任永丰县尹后才完成。在县尹任内，一直过着极为俭朴的生活，还捐出自己的部分薪俸，办学校、建坛庙、修桥梁，兴办了不少造福于民的公共事业，深受当地人民的称赞。有一年碰上旱灾，眼看禾苗都要旱死，农民心急如焚。王祯看到旌德县许多河流溪涧有水，想起从家乡东平来旌德县的时候，在路上看到一种水转翻车，可以把水提灌到山地里。王祯立即开动脑筋，画出图样，又召集木工、铁匠赶制，组织农民抗旱，就这样，水转翻车使旌德县几万亩山地的禾苗得救。王祯博学多识，才华横溢，不仅是一位出色的农学家，而且是一位精巧的机械设计制造家和印刷技术的革新家。王祯通过研究实验，搞清了"水排"的构造原理，并绘制成图，还把原来用皮囊鼓风，改为类似风箱的木扇鼓风，在我国古代冶铁史上留下了浓重的一笔。此外，王祯还把印刷的活字由原来的胶泥改造为木质，并设计制造了转轮排字盘。

14. 兽医学鼻祖的杰作
——《元亨疗马集》

《元亨疗马集》是我国流传最广、深受广大民间兽医所珍视而且必须阅读的一部巨著。清代俗称《牛马经》，为明朝南直隶庐州府六安州（今安徽六安县）喻本元、喻本亨兄弟两人所著。喻氏兄弟二人毕生从事兽医实践，广泛发掘、整理我国历代的兽医古籍，到处寻师访友，充分汲取劳动人民的医术经验，被称为"明代兽医学鼻祖""六安喻氏兄弟"。中国农业博物馆中华农业文明陈列中以幻影成像的技术再现了喻氏兄弟神奇般让牛起死回生的情景。他俩以惊人的毅力博采众长，经 60 多年之久，终于在晚年成书。

《疗马集》分春、夏、秋、冬 4 卷，112 图，3 赋，150 歌，300 余方；马有三十六起卧，七十二症。《疗牛集》分上、下 2 卷，牛有五十六病。附《驼经》1 卷，驼有四十八病。全书叙说详尽，尤以马经为最。内容以临症诊疗为核心，用问答、歌诀、证论及图示等方式论述马、牛、驼的饲养管理，牛马相法，脏腑生理病理，疾病诊断，针烙手

图 11-14-1　《元亨疗马集》

术，去势术，防治法则，经验良方和药性须知等。其中"脉色论""八证论""疮癀(huáng)论"及"起卧入手论"等篇，有独到的医理见解；针药方剂，均出于实践；七十二症则更是作者详引经典，并结合自己的经验体会，阐明各症的病因、症状，指出诊疗和调理方法的总结，是防治马病的经验结晶。此书实用性很强，对每种疾病除以"论"说明病因、以"因"描述症状、以"方"对症治疗。在编写过程中喻氏兄弟参考了大量的古籍，其中大部分已经不见了，但已被收集到著作中的论述，得以保留下来。《元亨疗马集》还是一部通俗易懂的兽医科普书，书中全部用附图的形式编写，使学习者一看就懂；大部分用诗词歌赋的方式编写，使学习者很容易记忆；有相当部分用问答的形式编写，便于农民记忆、掌握和运用，因而流传极广，成为民间习见的一部中兽医书籍，至今仍有很高的参考价值。

《元亨疗马集》自明代万历戊申年（1608 年）初印刷成书以来，至今已有 400 多年。此书问世后，成为当时一部经典兽医书，就是在今天也还为中兽医工作者所推崇。明、清两代不断翻刊，流传全国各地乃至日本、朝鲜、越南以及欧美各国，为我国和世界畜牧兽医学发展起到了促进作用。日本早在明历二年（1656 年）就出版了《马经大全》（《元亨疗马集》的翻版），1998 年 5 月日本称德馆还复刻了此书。

15. 古代农家宝典
——《便民图纂》

《便民图纂》是我国明代反映苏南太湖地区农业生产的著作，是一部供农民使用的百科全书，内容丰富，图文并茂，记述了吴地（今苏南太湖流域、浙北地区和皖南地区）农业生产、食品、医药、日常生活以及风俗民情等各个方面，代表了明代以农村生活为主题的通俗类农书。

编者邝璠，今河北任丘人，明弘治六年（1493 年）考中进士，次年任苏州府吴县（今江苏吴县）知县，邝璠初到吴县当官时，当地的"华林团"企图占领吴县。邝璠毫无畏惧，率领家人及随从人员，指挥城防兵及民众困守城堡，终于击退来犯者。随后，他又组织力量搜捕"华林团"成员，稳定了社会秩序，受到民众的称赞。他因重视农业生产、关心人民生活，曾搜集许多农业生产技术知识、食品加工生产技术、简单医疗护理方法以及农家用具制造修理技艺等，写成了《便民图纂》一书。

全书共 16 卷。前 2 卷为图画部分，后 14 卷为文字部分。第一卷为"农务之图"，绘有水稻从种至收 15 幅图。第二卷为"女红之图"，绘有下蚕、纺织、制衣图 16 幅。这两卷图系以南宋《耕织图》为蓝本，由名家所刻。书中将原配古体诗换成江、浙一带民间通俗易懂的吴歌，有利于推广。第三卷为"耕获类"，介绍包括以水稻为主的粮食、油料、纤维作物的栽培、加工和收藏技术。其中关于水稻的栽培，他从耕垦、治秧田起，到施肥、准备种子、插秧、除草、收割、贮藏、舂（chōng）米等，都作了全面简明的叙述。第四卷"桑蚕类"，介绍栽桑和养蚕的技术。第五、第六卷为"树艺类"，记载了不少有关果树、花卉、蔬菜的实践经验，常为之后的农书所引述。第七卷为"杂占类"，属于气象预测的农谚，部分录自《田家五行》。第十二、第十三卷，讲医药卫生，收集了治病的食疗药方250剂，分内科、外科、妇科和儿科，有风、寒、湿、暑等13门。所载药方大部分摘自宋、元、明的医书，在当时广大农村医药短缺的情况下，它具有宝贵的实用价值和"便民"意义。第十四卷"牧养类"，叙述家畜家禽的鉴别、饲养和疾病防治。第十五、第十六卷为"制造类"，录自《多能鄙事》，其中关于酒、醋、酱、乳制品、脯腊、腌渍、烹调、晒干鲜食物和食物贮藏等的论述，科技内容相当丰富，不但理清了元朝三部农书的紊乱叙述，而且还作了许多补充，尤其是在食物贮藏方面创新甚多，很是宝贵。而第八、九、十卷则多属迷信内容。可见，《便民图纂》虽不能涵盖日常生活的全部内容，但确均为农民日常生活所需。

16. 宰相遗珍
——《农政全书》

　　《农政全书》是我国历史上最大的一部农书。它是我国明末大学士徐光启编著的农业百科全书。它在我国农学史上，如同古典诗歌中的《诗经》和古代医药中的《本草纲目》，成为我国传统农学的代名词，可与后魏贾思勰《齐民要术》悬诸日月，并列为我国农学著述之两大丰碑。

　　作者徐光启，嘉靖四十一年（1562年）出生于上海，进士出身，崇祯六年（1633年）终于宰相位。徐光启小时候进学堂读书，就很留心观察周围的农事，对农业生产有着浓厚的兴趣。20岁考中秀才以后，他在家乡和广东、广西教书，白天给学生上课，晚上广泛阅读古代的农书，钻研农业生产技术。万历二十五年（1597年），徐光启由广西入京应试，本已落选，但却被主考官于落第卷中检出并拔置为第一名。但不久主考官被弹劾（hé）丢官。徐光启"坐了一回过山车"。后来全家加入了天主教，成为教

图 11-16-1　《农政全书》

会中最为得力的干将。万历三十二年（1604年）徐光启考中进士，开始步入仕途。徐光启向利玛窦学习西方的自然科学，在教和学过程中，两人共同翻译了公元前3世纪左右希腊数学家欧几里得的著作《几何原本》前6卷，成了明末从事数学工作的人的一部必读书，对发展我国的近代数学起了很大的作用。万历四十一年至四十六年间（1613—1618年），他在天津从事农事试验，写成"粪壅（yōng）规则"（施肥方法），并写成他后来的农学方面巨著《农政全书》的编写提纲。在魏忠贤擅权期间，即公元1625—1628年，他回上海"闲住"，

进行《农政全书》的写作。

《农政全书》是徐光启一生研究农业科学与亲身参加农业生产实践的经验总结。全书分成农本、田制、农事、水利、农器、树艺、蚕桑、种植、牧养、制造和荒政等 12 部分，共 60 卷、60 多万字。涉及的范围很广，从政策、制度到农田水利、土壤肥料、选种、播种、果木嫁接、防治害虫、改良农具，以及食品加工、纺织手工业等作了全面论述。以全国农业生产为讨论对象，基本上囊括了古代农业生产和人民生活的各个方面，使得《农政全书》成了一部名副其实的农业百科全书。书中利用历代文献 225 种，同时，还以夹注或评论的方式，加进自己试验的新成果和看法。在此以前的农书大都为纯技术性的，而此书由于作者位高立远、视野开阔，全书贯穿着一个基本思想，就是治国济民的"农政"思想，重点在于保证农业生产和农民生命安全的政治措施，抓住了屯垦立军、水利兴农和备荒救荒 3 项基本农政。这是古代众多农书作者所无法企及的。

《农政全书》在徐光启逝世时还是一部初稿。2 年后，陈子龙向徐光启的次孙徐尔爵借来书稿，读后十分赞赏，抄写了副本送给张国维。张国维认为是"经国之

图 11-16-2 徐光启画像

书"，转方岳贡过目，商定由陈子龙校订润饰。经过陈子龙校订，删去 3/10，增加 2/10，但保持原稿论点、基本内容和体系，张国维、方岳贡为书写了序言。

17. 古代科技四大名著之一
——《天工开物》

《天工开物》记载了明朝中叶以前我国古代的各项技术，对我国古代的各项技术进行了系统的总结，构成了一个完整的科学技术体系，是世界上第一部关于农业和手工业生产的综合性著作，是保留我国科技史料最为丰富的一部专著，被外国学者誉为"中国 17 世纪的工艺百科全书"。

《天工开物》的编著者是宋应星，江西奉新县人，明末清初科学家。宋应星在万历四十三年（1615 年）28 岁时考中举人。但以后五次进京会试均告失败。五次跋涉，见闻大增、他在田间、作坊调查到许多生产知识。在担任江西分宜县教谕期间（1638—1654 年）写成了《天工开物》。宋应星一生讲求实学，反对士大夫轻视生产的态度。他的遗训要求其子孙："一不参加科举，二不去做官，在家乡安心耕读。"

《天工开物》全书约 62 000 字，分为上、中、下 3 篇 18 卷，依次为：乃粒（五谷）、乃服（纺织）、彰施（染色）、粹精（粮食加工）、作咸（制盐）、甘嗜（制糖）、陶埏（shān）（陶瓷）、冶铸（铸造）、舟车（车船）、锤锻（锻造）、燔（fán）石（烧造）、膏液（油脂）、杀青（造纸）、五金（冶金）、佳兵（兵器）、丹青（朱墨）、曲蘖（制麯 qū）、珠玉。附有 121 幅插图，描绘了 130 多项生产技术和工具的名称、形状、工序。

图 11-17-1　《天工开物》插图

"天工"就是"巧夺天工"的天工，本指上天的创造、手艺，被引用来称赞人民群众的技艺高超。《天工开物》对于古代农业生产技术和经验的总结，具有较高的科学理论水平。作者强调人类要与自然相协调、人力要与自然力相配合，在书中记述的许多生产技术均为作者直接观察和研究所得。在养殖方面，宋应星所记载和阐述的科学养殖理论和方法，今天仍然有着不可忽视的重要价值。在古代农业生产工具和机械方面，宋应星以远远高于当时世界先进水平的记载，把这些科技资料完整地保存下来，在世界古代农业科技史上亦是少见的。宋应星还更多地着眼于手工业，全面反映了我国明代末年资本主义萌芽时期的手工艺技术成就和生产力状况。此外，《天工开物》首次记载了锌的冶炼方法和用锌代替锌化合物（炉甘石）炼制黄铜的方法，也是人类历史上用铜和锌两种金属直接熔融而得黄铜的最早记录。

《天工开物》问世以后，有不少版本流传，先后被译成日、英、法、德等国文本。著名生物学家达尔文亦阅读了译著，并称之为权威性著作，还把我国养蚕技术的有关内容作为人工选择、生物进化的一个重要例证。

18. 集古代农书之大成的官修著作
——《授时通考》

《授时通考》是清朝政府组织编纂的清代第一部大型官修综合性农书。这部农书系统阐述了我国农学发展的历史，对农业科技进行了全面的总结，集我国古代农书之大成，是一部古代农学百科全书。

《授时通考》是由总裁官鄂尔泰、张廷玉奉旨率臣 40 余人，收集、辑录前人有关农事的文献记载，历时 5 年，于乾隆七年（1742 年）编纂、刊刻而成。由于掌握了历代皇家珍藏的图书及当朝征集的文献，极其丰富，纂修人员又经过选定，有充足的人力、物力。因此，征集文献，博引考证，都比以往一般著述为广。而且引用文献，通常不是一个编者的意见，而是集体编纂，不少是经过几个人商酌后决定的。

《授时通考》前冠乾隆帝御制序，后载戴衙亨、赵秉师、英和诸大臣所撰之跋。全书共 78 卷，计 98 万字。除了辑录历代农书外，还征引了经、史、子、集中有关农事的记载达 427 种、插图 512 幅，共分 8 门：一为天时，论述农家四季活计；二为土宜，讲辨方、物土、田制、水利等内容；三为谷种，记载各种农作物的性质；四为功作，是全书技术性最强的部分，将农作物的栽培过程分为耕垦、耙耢、播种、淤荫（即施肥）、耘耔、灌溉、收获、攻治（即贮藏、加工）等 8 个环节共 8 卷进行叙述；五为劝课，是有关历朝重农的政令；六为蓄聚，论述备荒的各种制度；七为农余，是篇幅最大的一门，共 14 卷，记述大田以外的蔬菜、果木、畜牧等种种副业；八为蚕桑，有 7 卷，前 5 卷讲蚕的饲养、分箔、入蔟、择茧、缫丝、织染及桑政；后 2 卷桑余，叙述清代业已大为发展的棉花种植及其他纤维作物等。棉花被称作桑余是受了"农桑并重"的传统影响。每一门前先是"汇考"，汇辑历代有关文献，并作考释；然后再分"目"征引前人论述，介绍各地历史上的生产经验和政策等。此书不但对清代农林牧副渔各业生产的发展起到了指导和促进作用，且对国内外农业生产和农业科学的研究具有深远的影响。

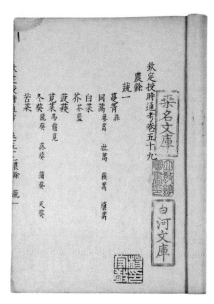

图 11-18　《授时通考》